所有开挂的人生，都是厚积薄发

陈大力 / 著

图书在版编目（CIP）数据

所有开挂的人生，都是厚积薄发 / 陈大力著 . -- 南昌：江西美术出版社，2018.6
　　ISBN 978-7-5480-6085-7

Ⅰ．①所… Ⅱ．①陈… Ⅲ．①人生哲学–青年读物 Ⅳ．① B821-49

中国版本图书馆 CIP 数据核字 (2018) 第 076665 号

出 品 人：周建森
责任编辑：廖　静
装帧设计：仙　境
责任印制：谭　勋

所有开挂的人生，都是厚积薄发
陈大力　著

出　　版：	江西美术出版社
地　　址：	江西省南昌市子安路 66 号
网　　址：	www.jxfinearts.com
电子信箱：	jxms163@163.com
电　　话：	0791-86566274
邮　　编：	330025
经　　销：	全国新华书店
印　　刷：	三河市华润印刷有限公司
版　　次：	2018 年 6 月第 1 版
印　　次：	2018 年 6 月第 1 次印刷
开　　本：	889 毫米 ×1194 毫米　1/32
印　　张：	9
书　　号：	978-7-5480-6085-7
定　　价：	39.90 元

本书由江西美术出版社出版。未经出版者书面许可，不得以任何方式抄袭、复制或节录本书的任何部分。
版权所有，侵权必究
本书法律顾问：江西豫章律师事务所　晏辉律师

正如柴静所说,"每个轻松的笑容背后,都是一个曾经咬紧牙关的灵魂。"每个出类拔萃的人,都为他现在所站的位置,付出了很多很多。

现代人的通病，是太渴望快餐式的成功，恨不能前一秒付账，下一秒就能享用成功的美味。可这世上最真实的甜，从不来自于速成。

人生短智,我们更温柔了,更周全了,因为"怕"
而谨小慎微了些。我们不那么颐指气使了,开始正视苦
与痛的分量。我们什么都怕,才有了同理心,有了包容欲,
有了与命运一路严肃切磋的炽热诚意。

一个女人只有到了买爱马仕不心疼的境界,才不会对着过时的香奈儿伤神;只有在清楚自己从不缺追求者时,才能更果决地离开一段感情悲剧;只有让自己的人生品质遥遥领先了,面对小人、面对岔路,才能用最漂亮的姿势绕开。

你在这里春风得意地停留,他们为了替你兜底在马不停蹄地工作。别再用父母的钱为喂饱你膨胀的虚荣心,扮出一副骄傲而富贵的假象了。

爱情有时候是不严谨，有很多空子可以钻，或者顺手牵羊，像是没什么难处，但长远来看，爱情又是十足神圣的，容不得一丝异心。

前言

奋斗,本就是人生的必然

前几天看见一位姐姐的朋友圈,内容是说年轻作者容易焦虑,担心自己头脑里的东西终有一日弹尽粮绝,但写作多年的人反而更放松,不是不怕"无话可讲",而是逐渐接受了这种焦虑,甚至认同了它——焦虑天然就是职业作者的一部分。

看到这条朋友圈时,我正和好友一起坐在前往西湖的车上,那是个柔软的黄昏,我刚刚结束连续一个星期的工作,想着自己22岁的人生,怎么就已经疲于奔命。

但看到那席话,我当下释然了。

我记得,一个深夜跟朋友们一起打车返校时,那个司机一直滔滔不绝跟我们聊他的儿子,说他的儿子和朋友一起报了个北方的大学,"是

很好的大学",停车间隙他翻出手机里的照片,指给我们看:"这就是我儿子,长得一点儿也不漂亮。"可语气里的爱,根本遮掩不住。

我们问他是不是一直跑夜班,他说是的,晨昏颠倒。我们说这对身体不好的,他笑了笑说:没办法,养家嘛。

我有点儿……愧疚,因为那天白天我跟一位朋友吵了架,我悄悄在遗憾自己没有用上巧妙的辩术,不尽兴。

但掂一掂这种烦恼,究竟算什么呢?

那时我有一种感觉,是我们还太年轻,还像飘浮在空中的碎絮,不知道什么是真正的人生。我们以为诸如"喜欢的男生没有及时回复我的消息"这种事儿,就已经值得哭一哭,但像这位司机一样的中年男子,多年来直面尘土,已经在不声不响扛住命运的重量。

认识的很多中年人几乎都是这样,可以把一些我们认为惊天动地的情节,讲得再云淡风轻不过——类似于"我复读了两年""离了一次婚""亏了20万"……

其实仔细回溯,我们这些年轻人一路走来受到的偏袒相比亏待要多太多,我们是手握大把甜美的人,误以为遇到一丁点的挫折,就是自己的不幸。所以我们焦虑,我们难过,我们辛苦并可怜自己的辛苦,我们以为这些是需要被克服,或曰刨除的东西——真到了跟命运交战的时候,你才会发现,这些本就是人生的一部分。

像是,写作的人不必克服焦虑,因为焦虑常在。每个人的焦虑也都是克服不完的,因为焦虑是人生的附属品。

想清楚了这一点后,反而能活得更有力量。

前言

19岁时,我在上海市中心的公司实习,每天早晨不到七点便起床,拎着电脑赶上五号线,印象最深刻的一个场景是"拥挤",去市区上班的人太多,都坐这五号线,人群密集得伸不出手已经不算什么,车门偶尔都会关不上。

那时我总想逃避,觉得这不该是真正的生活,后来我才发现,这条线上的上班族们,哪个不是挤了好几年,或者将要再挤好多年呢?

奋斗,本就是人生的必然。

我认识的几个在上海上班的姑娘,朋友圈从没有对工作的埋怨,一到周末踏青赏花,很是惬意。但我在工作日的时候跟她们聊天,哪怕凌晨一点,她们都会说:"我一边做着报告,一边跟你讲。"

我想她们已经接受了,比起向往不切实际的优渥,活得勤勉,才能更好地前行。没有人是可以永远安逸度日的,奋斗说苦,也是苦,但说不苦,也不苦。

奋斗都是为了自己——正是这些奋斗,让我们得以触碰得更高。没有谁的人生会是手可摘星辰,都要一步一步,哪怕蹒跚着去爬那条漫长的山路,流完了汗,转眼再看那山尖的云雾,看似飘渺,却就在几米开外。

我这几年最大的进步,就是对待人生变得很坦然,我知道我会有不时的焦虑,会有各种名目的不如意,我知道我还有很长的路要走,我的不完满及需要被填补的地方还有很多。

所以比起为自己无法"平滑地绕开这毛糙的一切"而烦恼,我更愿意站得无所畏惧,直面所有从前避之不及的冲撞,让这种冲撞锻造我。

我学会了接受。选择奋斗，是我为这种接受付出的行动。

其实我知道22岁的自己已经得到了很多，但我得到的这些，没有一个不是我自己打拼出来的，我穿的每一件衣服，用的每一支口红，都是稿费里来的，我失过的每一次眠，每一次角落里的痛哭，也都是出于我自己。

但没什么好埋怨的，自负盈亏。

——最后，如果你想说奉劝你奋斗的文章已经泛滥，那么也请容许我再讲一句：

奋斗不为了任何人，只是为了你自己；拨开荆棘后，眼前的一整片风景，一丝不落，全都属于你。

目录

Chapter 1
想改变人生的人，早就出发了 / 1

为什么有的姑娘人生像开了挂 / 2

单身期才是姑娘们最关键的奋斗期 / 6

想改变人生的人，早就出发了 / 10

救赎，总在千万次流汗掉泪的坚持中 / 14

"不自律"正在让你失去真正的自由 / 19

生而为人，怎么可以不拼命 / 23

一无所有前，我有见过我的梦 / 27

撑不过去的时刻，再多撑一小会儿 / 32

给20岁女生的10条人生建议 / 37

比什么也没有提升自己的GDP过瘾 / 44

任何一种成功，都是时间的礼物 / 49

岔路也有宝藏，成功也可非主流 / 53

Chapter 2
人生要脱胎换骨，只靠一张脸是不够的 / 59

人生的主动权，你要自己夺回 / 60

再不用力活，真的就老了 / 65

90后每个月收入多少才正常 / 69

被优越感耽搁的年轻人 / 74

我宁愿你"怕"的事情越来越多 / 78

你的圆融里，要有泾渭分明 / 83

段位高的姑娘，才能活得更洒脱 / 88

人生的选择权，是要自己挣来的 / 92

人生要会"抓"，也要会"放" / 96

我们的过去中，隐藏着未来的密码 / 101

人生要脱胎换骨，只靠一张脸是不够的 / 106

你买的是包包，不是神灵 / 111

Chapter 3
人并不是一开始就成熟的 / 115

你怎么这么不成熟 / 116

我们为什么都活成了自己的反面模样 / 120

人并不是一开始就成熟的,尤其是感情 / 124

在流眼泪之前,至少心曾经热过 / 129

人只年轻一次,别急匆匆变老 / 133

活在美颜软件里的女孩 / 137

命运赠送的所有礼物,都在暗中标好了价格 / 142

别让期待成负担 / 148

欲望未实现前,从容都是绷出来的 / 152

比金钱更重要的 / 158

深夜是成年人的避难所 / 162

Chapter 4
别用父母的苟且，追逐你的诗和远方 / 167

不向父母开放的朋友圈 / 168

所谓成长，不过是在与匮乏作战 / 172

别用父母的苟且，追逐你的诗和远方 / 177

谁是第一个发现你微信头像变了的人 / 181

长情不一定好，绝情不一定不好 / 186

吃不只是"吃"本身那么简单 / 190

放过自己吧，不要再挨饿了 / 195

我不想再有趣了 / 198

人生没有那么多侥幸 / 202

没有人过得跟朋友圈里一样好 / 208

快乐应是一件微妙又自然的事 / 213

Chapter 5
去谈一场舒服的恋爱 / 217

想谈一场舒服的恋爱 / 218

藏在嘴边的爱 / 222

想晚一点遇见你,在不那么容易丢盔弃甲的年纪 / 226

难过不是有比较级的一件事 / 229

娇纵,是另一种意义上的残缺 / 234

不敢伸手要糖的姑娘 / 239

别用十二分的爱,换七分 / 244

大叔虽好,食用需谨慎 / 249

别让甜美过早蒙上一身柴米油盐的灰 / 254

幸福的人容易长胖 / 259

在爱情里犯过的蠢 / 263

香奈儿恋爱论 / 267

Chapter 1

想改变人生的人，早就出发了

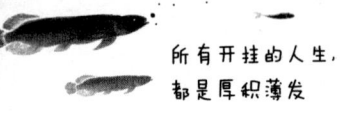

所有开挂的人生，
都是厚积薄发

为什么有的姑娘人生像开了挂

这篇文章来自于一条私信。

发私信的是一位大三的姑娘，她说自己很自卑，因为她对床的室友实在太优秀了。她室友家境好，随手买的包约等于人家一个月的生活费；成绩好，国家奖学金年年拿到手软；身材好，发全身照从来不用P，已然腰细腿长；不仅如此，她还有个感情稳定的男朋友，一个温柔稳重的学霸。

姑娘说，每次看到她，都觉得自己非常失败。为什么同样的年纪，我就一无所有呢？

我给她讲了个故事。

我学新闻，大二的时候采访过一个做自媒体的姑娘。她即将毕业，仅年长我两岁，但人生履历已经十分厚实：开原创工作室、经营自己的团队、接受很多媒体的采访、出很多次差。她大二的时候，就已经租得起很贵的上海市区两室一厅公寓，挣得到每月五位数的零花钱。现在她大四，别人还在愁一个月五千的薪资，她已经月入十万，正在攒一辆跑车的钱。

她活成了被自己包养的状态。

更重要的是，她不仅有财，还有头脑，四年来成绩一直名列前茅，最后被保送为名牌大学研究生。

她还长得美。

说实话，我采访她之前，心里是很酸的。人类天生爱比较，爱算计斤两：命运分给我的粥，凭什么就比别人的稀一点呢？

我的嫉妒止于她告诉了我，她光环背后的真实生活。她从大一起就已经开始阅读很多本枯燥的商业书籍，一边学习，一边想办法挣启动资金。她永远嫌自己穷，嫌自己没内涵，所以别人休息的时候，她都在恶补。她曾经低声下气地劝说客户，灰溜溜地吃亏，大包大揽地扛下所有狗屁倒灶的破事带来的委屈，业内的前辈当着她的面挖苦数落，她也只好奉送笑脸。

她的拳头都握在心里。

那天我就想：为什么我们总是会觉得有些人，轻飘飘地就把你想要的一切都拥有了？

因为他们为之挥汗拼命的时刻，你都看不到。你只知道眼前这个姑娘，自给自足，很争气，学历高，收入好，挎着香奈儿和你言笑晏晏。你看不到她所有深夜痛哭的时刻，你不知道她在哪里跌过跤，伤口曾有

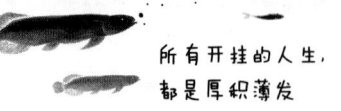
所有开挂的人生，都是厚积薄发

多难看。她熬过来了，才有了今天。

柴静在《看见》里说：每个轻松的笑容背后，都是一个曾经咬紧牙关的灵魂。

每个出类拔萃的人，都为他现在所站的位置，付出了很多很多。

昨天我查到了自己的考研排名，专业第一，这意味着我可以去自己心仪的学校了。

深夜，一位学妹过来说："学姐，你真是我心中人生开挂的代表啊。"

然后她讲，她如何羡慕我一边考研，一边写字挣很多钱，好像很轻松，就把很多人的梦想都实现了。

但我心里是在讲，很轻松吗？

明明是双倍的累。

我所有头昏眼花赶稿的日子、冒雨泡图书馆的日子，绝大多数人都看不到。别人像是看见我建好了一座精致的城堡，围在城堡外对我赞不绝口，但只有我自己知道，我是怎么一砖一瓦堆高它的。

我曾被砖石砸脚，胳膊布满误伤的瘀青，在灰头土脸的日子赶工，疲惫地负重，这些你都不知道。

你只知道城堡我建好了，建得很气派。

于是你跟别人说："你看那个城堡的主人，她多幸运。"

不，一点也不幸运，和"开挂"一点关系也没有。我实在是吃过太多太多苦了，才敢觉得这些奖赏我都配，这光荣我都担得起。

坐享其成，是这世界上最不实际的奢望。

别人在图书馆奋笔疾书时，你在被窝里酣畅地沉迷懒觉。

别人在健身房汗如雨下时，你在空调间里怡然翻阅着社交软件。

别人在为了深造报班考证时，你在商场花着省吃俭用来的钱，流连忘返。

最后别人拿了奖学金，有了好身材，收到了梦想学校的录取通知书，你就开始惊叹：天哪，你的人生真是开挂了。

你只顾着把付出交给鸡汤，把前程交给锦鲤，自己呢，本职不做好，爱好不发展，未来不考虑，瘫在沙发上盼望理想人生从天而降，你好顺势抱个满怀。

我认识一个圈里的姑娘，写的文章篇篇爆红，稿费颇高。很多人酸溜溜地说她运气真好，每次写的话题正好大家都爱看。但在一片唏嘘声中，我心里知道，哪里有什么"正好"，她是因为给杂志社默不作声地写了十年的稿子，才厚积薄发出今天的成绩。

请姑娘们务必明白一句话：少问"凭什么"，多问"为什么"。

先别埋怨"凭什么别人什么都有啊"，静下心来想想"为什么别人什么都有"，或许你就能懂，含金汤匙出生的只是少数，大多数人的人生，倘若比你的更好，一定是因为，他付出得比你多。

所有人生"开挂"的姑娘，都为她们手中的好时光闷头努力过很久。

只是你不知道罢了。

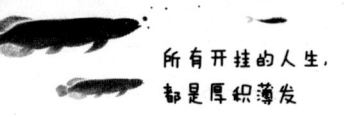
所有开挂的人生,
都是厚积薄发

单身期才是姑娘们最关键的奋斗期

前两天我跟朋友喝下午茶。

朋友聊起最近喜欢上的男生,第一句话是:"唉,一想到他,我就自卑。"

专心致志吃着甜甜圈的我,当时是想腾出嘴吐一句"开什么玩笑"的。因为我这位朋友,虽不是九头身爱马仕标配女神,但段位还是比闹喳喳的平凡小姑娘们高出不少。

她从小家教过硬,喜读名著,气质温婉;智商出众,一边念书一边赚钱,读着Top 3大学的王牌工科专业;身材玲珑,脸蛋可爱,还有才艺一箩筐。"自卑"这种颤巍巍的词,不该跟她沾边的。

但正所谓站得高望得远,她喜欢上的男生,也不是一般人够得到的。男生是顶尖大学的本科毕业生,现在在国外读医学博士,是眉清目秀的那种好看法，但从不拈花惹草，生活很规律，健身、游泳、实验，彬彬有礼又善良。

所以我理解，为什么我朋友自卑。虽然我们时常教育姑娘们要矜持，但我知道陷入爱情的姑娘们，率先上缴的便是自尊，像是遇见小王子的玫瑰，会主动折刺，热烈祈望他给予垂怜。

我也有过类似的经历：喜欢上一个非常优秀的人，但还没跟他成为朋友，就已经不断在打退堂鼓——"他不会喜欢你的，他太优秀了"。很不甘心，真的很不甘心，但胆怯胜过了不甘心，因为知道自己的斤两，不足以撬动起他的青睐。

那个时候我真的好恨自己。恨自己不够聪明，不够漂亮，不够善解人意，不够优秀到让我敢堂堂正正站在他面前，跟他互动，让他知道我对他有好感。

我发现人在年轻的时候，价值体系尚未筑牢，对于"意义"没有明晰的认知，很容易便在焦灼与徘徊中，浪费了大好光阴。

在单身时，安心囿于自己的舒服圈，追剧，消遣，胡吃海喝，一边号啕"全世界只有我最孤单"，憧憬着举案齐眉的完美爱情，一边沉迷于荧屏中的标致脸蛋，冀望于男神从天而降，在熙攘人海中认领你。

最后一无所成，只是在混沌的情绪中，蹉跎青春。

或者最后，男神降临了，出现了，你却很惭愧地自知，跟他是两个阶梯的人。他站得比自己高太多，所以无法平视。

我一个朋友，略胖，高中毕业后的暑假和我厮混，两个月的假期

几乎就是逛街、火锅、唱K的无限循环。后来她上大学了,报名社团认识了一位男神,片刻之间,倾心于他。

可是她没有勇气表达自己,哪怕是一丝的好感。她打电话给我说:"别的不说,就我这体重,我没底气跟苗条姑娘们竞争。"

虽然我知道"为了喜欢的人减肥"是政治不正确的讲法,但我那位朋友说,她真的很后悔没有在遇见他之前,把懒散和侥幸都撇干净,修炼得更瘦、更美好。

那个时候我就感叹,我们变得优秀,或许不是为了让别人喜欢上我们,而是让自己在面对喜欢的人时,至少能多一点点筹码与底气,不至于怯生生的,心里发着抖,告诉自己"我不配"。

我不想这样的,我真的很想"配得上"你。

有句话叫"机会只给有准备的头脑",其实爱情里也通用。

你没有准备把自己变得更好,那么当更好的人出现时,你自然不敢出击拿下。

多遗憾啊,但也毫无办法。

作为亲历者,不得不感叹,盲目"鼓起勇气"是没用的,只有自己足够优秀了,面对喜欢的人,才不用费力踮脚。那个时候,你的姿态才优雅得起来,也更惹人喜爱。

我当然也很羡慕袁湘琴和江直树的那种爱情啊,那种"你再糟糕,我也人潮中抱紧你"的戏码,但剥掉偶像剧外壳,回到逻辑强硬的现实生活,我倒宁愿先把自己武装成完美女二号,再论抢不抢男主的问题。

我不想在爱里过险招，我只想让自己尽快"厉害"起来，一直到跟喜欢的人挽着手，能够不心虚，不害怕他随时溜走，因为理直气壮：老娘也很优秀啊，老娘配得上。

所以啊，在遇见 Mr.right 的那一天之前，我们才要扎扎实实地努力呀。

单身期很宝贵，在单身期拥有一颗上进的心，着实更为难得。当你被人情倾轧绊住四肢时，很难专注于自我提升；反而是在社交关系干净果断的单身期里，你拥有了按照自己的规划与意愿成长的机会。

不要把眼光局限于身边的吃喝玩乐，放长远一点，多关心未来，多关心这崎岖不平的世界，拥有辽阔的思域，成为一个更立体、更值得被爱的人吧。

如果你还陷在单身期混吃等死的泥沼中，请尽早警醒地把自己打捞起来。因为我不希望你在遇见了自己真正喜欢的人后，只能站得远远的，在心里哀戚地叹一句"唉，他太优秀了，我自卑"。

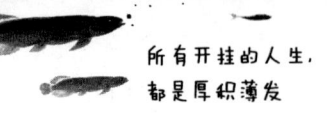
所有开挂的人生,
都是厚积薄发

想改变人生的人,早就出发了

时至今日,我提起"勇气"这个词,都会想到认识的一位小姑娘,在19岁的时候退了学,带着十万粉丝的底子,去北京全职做自媒体。

有一次她在朋友圈转了一篇文章,标题就叫"任何人都可能突然没饭吃",作者是稳健的中年人王路,讲了一次又一次利益高山的崛起与坍塌,在文章末尾大概说,今天做自媒体,还能穿金戴银,但谁知道明天会不会一样?风口哪个时代都有,风口过去了,冬天就会来。

那篇文章里讲到了她,说"这个小姑娘",只是因为连着三个月收入上万,就敢退学全职,要是半年过后,她一条广告都接不到该怎么办?

中年人考虑问题确实谨慎,走两步退一步,不莽不躁,意味深长,但对于一个96年的小姑娘,她选择职业的理由出奇简单:做自媒体因为它是我最适合的，没有其他了，适合，我就走出去。

比起佩服中年人心思缜密，我更想佩服小姑娘勇气可嘉。

在写这篇文章的时候，我朋友圈里已经又有一批新的"小朋友"在创业。她们不是什么寻常意义上的创业者，要么海归 MBA 背景，要么外企高管退位，要么富家子女体验人生，她们就是普普通通的姑娘，起点未必怎么样，学历未必怎么样，职场经验更未必怎么样，但最可贵的在于，赚到第一桶金后，她们不会完全挥霍成口红香水大牌包，而是留了要动脑子的部分，在想办法钱生钱。

听起来有些可怕了，"毛头孩子们懂什么"，这质疑要是放在过去，还能掷地有声，但在互联网时代，分量就不那么重了。

互联网时代是什么时代？信息爆炸、平台大火、虚拟社交进化的时代，以及分外瞩目的机会扁平化的时代。

如今只要在动手指头之余多起了一丢丢贪念，想到"哪一天会不会有成千上万的人转发我的内容呢"，生机就从这里起始。长得不错的，用点心拍照推广，说不定哪天崭新的服装品牌就诞生在你手里；会写文的，无数 APP 供你筛选，把真情实感输送出来，不怕没读者；想法多的，拉上几个朋友拍视频，哪天成为下一个热点，也说不定。

当然创业也不只这些，我认识的还有自己做公益社群的，办读书活动的，为自己喜欢的汉服开设工作室的。从前听创始人讲"推广汉服文化"，还以为不过一句玩笑，像一枚抛出去的硬币，谁能想到有一天这"玩笑"也能立得稳稳的，金光熠熠呢？

越来越多的可能性，正在向原本人生一眼望得到头的人群展开

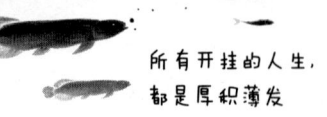

所有开挂的人生，都是厚积薄发

——这是我所认为的，这个时代最迷人的地方。

创业很苦，也很难，我并不想美化。泥土里打拼的普通人，创业就是打一场硬仗，细小到办公室桌椅购置哪一批，宏大到如何攀爬行业的层级金字塔，都是一个人上手；要怎么带领一群人闯出来，闯出一片天地，都是刀尖上舞蹈的功夫，刀能雕刻出一盘饕餮，也能杀人溅血。旁人只看见那谁，好似顺风顺水，"融了B轮C轮"，谁看得见他哪天瘫倒在会议厅长椅上，第二天八点准时起身，忙不迭继续工作的可怜样子。

一位姑娘，家境中等偏下，曾经拮据到吃泡面、打零工，回家都是坐十几个小时绿皮火车，后来创业做自媒体，年入百万，前段时间用自己的收入资助了一次慈善活动。我知道这件事后，忍不住惊叹：

这就是《幸福来敲门》现实版吧？

我很感动——我也不知道怎么形容这种感动。我看见越来越多的年轻人，在为自己争取机遇，而不是"随便找个小职员做一做得了"，我觉得像这样的人生，有一种难以撼动的力量。

看到过一个问题是"月入几万的人过着什么样的生活"，有一位创业的姑娘去回答，赞不多，但评论多，不少还酸溜溜的，诸如"很好奇你一年过后，收入还够不够"回答这个问题。

你看，人只要站得太高了，尤其是起点低的人，要是咬牙搏出了更高阶的人生，就会有别人等着看你的笑话，看你什么时候从神坛跌落。

但真正决心要改变自己人生的人，向来无所畏惧。日后要是摔跤，兴许也无所谓，摔跤之前，至少你走过别人不曾走的路。旁人只关心一日三餐时，你在城市 CBD 楼顶失声痛哭过，你张开双手迎接过这个时代，让它钝重地在你身上撞击过。你像用来点火的一块石头，被它擦出了微光，无论它是否终将熄灭，在水穷山尽之处，你也已经拥有了丰满与隽永。

所以，该做斜杠的，继续做斜杠；该谈融资的，继续谈融资；该扩张业务的，继续扩张业务。管别人说什么，我就是觉得，我配得上最好的生活。

我诚恳、勤奋、野心勃勃，上帝没理由不把糖分给我，要是不分，我就去亲自要。

无人能阻挡。

谁都看得出来这个时代机会充盈，但太多的人还是颓颓然，缩在安逸的壳子里，垂涎别人的光鲜，又死活不肯迈步，但当你还在想着要是失败怎么办，想着站太高会不会危险，想着"任何人都可能突然没饭吃"的时候，想改变自己人生的人，早就出发了。

而且，他们做到了。

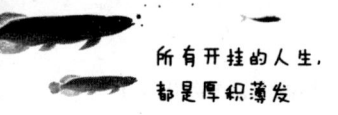

救赎,总在千万次流汗掉泪的坚持中

前两天我听了一场讲座,来自一个为雪豹拍纪录片的导演,王鹏。

很难想象身前这个眼睛一弯,笑意便谨慎又柔软地荡开的中年男子,曾经花上了长达十年的时间,跟几台摄像机和几个苦中作乐的同好,执拗地蹲守在边疆。

他分明温和得像一株亚热带植物。

从央视辞去工作后,2013年,他和朋友踏入了甘肃盐池湾国家自然保护区,立志拍一部比BBC于2003年拍过的更好的、反映珍稀动物雪豹生活的纪录片。

他说他是热爱给自己画饼的人,也是热爱给自己树立一座高山的人,他让自己无论如何,都要去攀爬那座山。

那是怎样的环境呢?现在想来仍叫人心里发紧:

与世隔绝，荒无一人，天兀自广阔，地兀自逶迤，举头三尺仿若住着莫测神明，牵出一阵又一阵陡然畏惧。每个难挨的漫长的24小时，除了零散的、破碎的期盼，只剩与星辰和风的对话，打着旋儿被吹向了远处的山头。

雪豹是生性凶猛的肉食动物，活得万分警惕，很少露面。他和队友在无人区安营扎寨，无数次猜测与寻觅，都只是失败。

——几年后的一个四月，寒至彻骨的暴雪天，雪豹才被他们第一次拍到。

这是拿时间来交换的。他们身上人类的气息，只有在高原住得足够长，才能被几近消融，不被雪豹察觉。

他在辞职之前，做过满腔豪情的调查记者，希望以一己之力为这个时代做点什么。但几年的记者生涯下来，他发现自己除了采访中不断地被敷衍、拒绝，几十天才成型的作品被忙碌的世人匆匆扫了几眼便放下的失望以外，什么都没有。

他仍旧想为这个时代做点什么，但他决定换个方式。

他开始把镜头对准遥远的、神秘的高山，他"记录雪豹"的众筹行动在网上获得了几百万支持者，他一边拍摄一边自己掏钱拯救雪豹，他去高校分享自己追踪雪豹的历程，他让那里的珍贵被全世界所领略与敬仰。

他做到了，他让越来越多的人开始关注"雪豹"这个严重濒危物种。他让这个时代，改变了一点点。

某种意义上来说，他也是梦的殉道者。几年记者生涯多少苦，不

忍细想。

但那些闪亮的愿景被现实一再退回之后,一颗赤诚的、跟这个世界的平庸与麻木交战的心,仍正直鲜活。

有时候你很难讲清楚"追梦"和"死磕"之间的区别。或许二者并无区别。甚至有时候我觉得,有梦的人都必定是疯狂的,不然他们不配拥有梦。

我认识一个姑娘,坚持写作十几年,文笔磨炼得非常纯熟有力了,但一直以来拿到的只有纸质杂志微薄的单篇稿费。

刚跟她认识的时候我们俩都面临着毕业,我问她,你以后的理想职业是什么呢,她说是旅行专栏作家,一边周游世界一边写稿子,两样都是自己倾心的事。

她跟我一样,普通家庭,知道这种职业有点太飘摇了。她妥协过的,大四的时候开始找工作,面试官问她:"你会把写作放到职业生涯的什么位置?"

她答:"就是业余的外快吧,下了班继续写我的文章。"

面试官说:"你要想清楚,你是不是心里其实还是想做个以写作为生的人?如果上班的话,你的写作很大可能性是会被耽误的,或许几年以后,你一个字都写不出来了。"

那场面试,是她在紧锣密鼓的求职路上的一个郑重的停顿。

她想了没多久,就决定不找工作了,直接开始以写作为核心的内容创业——这是连我也跟着一起捏汗的,有些太过决绝和笃定的选择。

那之后我见证了她操劳得脚不沾地，也见证了她的人生呈指数型上升。现在仅仅比我年长一岁的她已经年薪百万，每月全世界各处跑，从南非到蒙古，从巴黎到印度，她一边游玩，一边写着昂贵的稿子。

谁也没想到过，她的"旅行专栏作家"的梦，会以这样的途径成真。

后来我再掂量，她若不是心里那股子执念依旧在，又怎么会舍得丢下大公司里前程无量的职位去创业，去搏一个谁也未必敢端、谁也未必能端得稳的未来？

忆起她曾对我说过"想当个旅行专栏作家"，终觉振聋发聩——梦还是在的，还是那个顶峰，它只是被另一条蜿蜒的路成全了。

小时候我读过一个故事，是说一片海域退潮过后有许多搁浅的小鱼奄奄一息，路过的小男孩坚持要一条一条地把鱼甩回海里，虽然他知道岸上的鱼很多，他根本甩不完。

旁人对他说："你救不了所有的鱼，你这样没有意义。"

他说："对这一条来说有意义。"说完弯腰甩了一条。

"对这一条也有意义。"说完又甩了一条。

长大后再读，觉得这其实是个讲追梦者的故事。一个梦那么庞大与不可及，就像几乎救不完的小鱼，而我们追梦者所要做的，不是一开始就奔着所有的小鱼去，是能救多少是多少，从你有限但尽心的努力里，完整一个梦的意义。

如果没有资本做旅行专栏作家，那就试着先创业。

如果当记者无法改变世界，那就去高原拍雪豹。

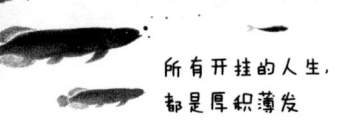
所有开挂的人生，
都是厚积薄发

我们无法一次性救起所有小鱼，但追梦从来就不是为了救起所有的小鱼，是在弯腰捡拾一条又一条小鱼过后，让自己千万次流汗掉泪的坚持，并在当中得到救赎。

一个理想最让人动容的地方，从来不是它多么高与大，而是我们在尘埃里千帆过尽后，转头再看，它还在原来的地方，滚烫地伫立着。

我们不管多么渺小，多么艰辛，都决定了要微笑着奔向它，不管取哪一条路，你终于懂得了，终于掷地有声地承认了，它正是你人生的内核。

它正是你几十年如一日，心跳不灭的原因。

"不自律"正在让你失去真正的自由

/1/

我记得寒假的时候,那阵子我刚考完研,懒散至极。我像被人猛踩一脚的口袋,立刻没了精气神,瘪了下去。每天昏沉沉睡到中午十二点才醒,翻一会儿手机,到了一点,爬起来填肚子,饭后大脑缺氧,又意志微醺,欣欣然钻回被子里。

所以那阵子,我每天清醒的时间,大概就从下午三点开始。写稿到五点,然后跟朋友出门晃荡,尽兴归家。一天就这么结束。

后来我跟家里人说,我以后想要从事自由职业。我妈,一位精打细算的中年妇女,立刻给出了她殷切热烈的建议:

"拉倒吧,就像你这样每天只工作两小时,迟早饿死。"

这让我想起我的一位大学同学,非常向往自由职业,好奇地找我

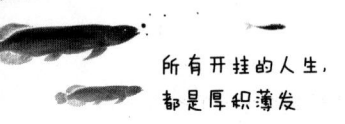

咨询我的生活状态。我说：其实真正坚持自由职业是非常难的，最难就难在自律。当你没有了老板，没有了迟到十分钟扣五十块工资的严苛环境，你会很容易管控不住自己，很容易将"休假"状态无限延长，将工作时间无限缩压，最后是，枝节横生，遍地麻烦。

而我认识的真正优秀的自由职业者们，向来都是早上八点钟准时起，去咖啡厅固定的角落里写稿，辛勤码字至下午六点。他们会列好每天的任务，依次完成，倘若哪天没有达标，内心会十分自责。

他们的可贵在于，能够给自己树立起科学的生活秩序，像心上牵了根准绳，像脑袋里悬着把刀，鞭挞其克制、踏实、稳定地朝目标前进，当一天24小时全然由他们支配时，不至于把日子过得六神无主。

/2/

我想起大一的时候，自己兵荒马乱的期末周。

按理讲，大学的课余时间是很充裕的，"期末"也没什么了不起，要是有毅力，提前一个多月每天去图书馆看个三到五小时，应付区区几场考试，绰绰有余。

可我是直到真正考试前三天，才开始快马加鞭地复习，将原本充裕的时间，大手一挥洋洋洒洒地浪费在吃喝玩乐上，才落得个临时抱佛脚，抱得心力交瘁的下场。

你看，当你没有把时间利用好，时间便会惩罚你。当你提前透支了过多的安逸与享乐，最后追逐而来的、加量的焦虑与崩溃，便是你应得的报偿了。

如果一开始就能严格约束好自己按照计划一步一步走，等到了最后关头，倒也能气定神闲，考试前几天，兴许还能坦坦荡荡出门玩一趟。

这便是"自律"能给你带来的自由——遇事"不拖沓"的品质，会为你节省大把的时间。

当一个房间堆满了杂物，可能连把椅子的位置都腾不出来，你只好惶然无措地站着；若是打扫得干净整洁，物品按类归位，房间便顿显宽敞明亮，甚至容得下一支轻快的华尔兹。

利用时间的道理，也是如此。

/3/

人生应当是这样的——该用劲儿的地方用劲儿，咬牙熬一熬，到了该松懈的关口，再松懈。

若是在该出力的环节，你携带着懒惰落荒而逃，日后一定有加倍的苦头，让你补上。

有朋友对我说，我真羡慕你，每天写一点点字挣钱，剩下便是吃喝玩乐，没什么需要操心的，你多自由啊，随时拿到一张机票，都能说走就走。

但我没告诉他，这样的"自由"，是用从前的"自律"换来的。

我曾经规定自己每天写两千字日记，坚持近一年；我曾经拒绝无数次邀约，只为专注排稿；我也曾经在别人夜夜笙歌时，困于一张小方桌前，苦心钻营名著，摘抄字句，琢磨奥秘。

是这样的千次万次的自律，才为你换出了更多心安理得的自由，

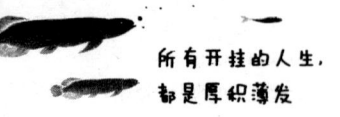

才给了你更多的挥霍时间的机会。

倘若你一开始就把生活的糖罐打翻,躺倒在黏腻的甜蜜里,等苦味终究泛上来,必定是难承的酸涩。

总归是该先苦再甜的。自律,是在为你的未来,积攒甜头。

/4/

我体会越来越深的一件事是,时间属于那些能合理支配它,能恰如其分利用它创造出最大价值的人。

否则,便是时间的奴隶。

微博上最近流传一句触目惊心的话:"有人25岁就死了,只是75岁才埋",不外乎是想给混沌度日的人敲响警钟:当你不能对自己手上的时间宣示主动权,那么生存也无异于毁灭。

做个自律的人,守住内心尖锐矗立的标杆、秩序,不被舒适、奢靡与懒惰的魔鬼牵走,这样的你,才是时间的主人。

这样的你,才能最终得到真正的自由。

生而为人，怎么可以不拼命

昨天我在静安区和作者朋友们小聚，推杯换盏、觥筹交错间，已近晚上十点。坐我旁边的是小六哥，喝酒斯文。

有人想劝他多喝，他忙摆手道：不了不了，我今天的文章还没更新呢。

酒席后他匆匆离去，估计还惦记着写文章这事儿。

前阵子有人整理出了一个写作 APP 的作者排行榜，小六哥荣登第一。但昨天聊起这事儿，他颇有危机感地说："我已经算过，我只要四天不更新就会被第二名赶上，现在一天都不敢漏更。"

而前几天，他的书才被通知销量很好，需要加印。

其实想一想，从小到大，像小六哥这么拼的人，不算少。

所有开挂的人生，
都是厚积薄发

我大学一个朋友，大一进校就奔着国家奖学金的目标学。老师在课上随口提的资料她会找出来反复读；一个简单的新闻片，她总想着怎么拍才能标新立异；一次划水的公选课考试，她也要早早复习。

第一年她只拿到特等奖学金，伤心了好久，第二年又是奋起直追，这才终于抱得国家奖学金。

那时我跟她同样大二，自然没拿过国家奖学金，我也想不起自己那时在做些什么。

对此，有个段子形容得很形象，也很深入灵魂——从前的日子舒服得像泡脚，但现在想起那些懒懒散散虚度过去的岁月，却又难受得像喝泡脚水。

我相信你身边也有这样的人：他们目标远大，脚踏实地，立志把困难杀个片甲不留，不抱桂冠，便誓死不归。

从前我并不喜欢这样的人，因为他们普遍过于专注，而我总诟病他们活得狭隘，或曰"不自在"，那铆足了劲往前冲的姿态，也未免太扎眼。

但我越长大，越体验到堕落和涣散是多么容易的事之后，便不得不钦佩这些拼命的人。

我们太多人的毛病不是苛刻或挑剔，而恰恰是对自己太宽容。

我的一个朋友，从前作息非常糟糕，现在下决心减肥，于是每天十一点睡，六点起，不吃晚饭，中午只喝粥，风再大的傍晚也去跑步。

要知道，她以前可是凌晨两点钟都能躺在床上看视频的人。

而我呢，发誓要改掉昼夜颠倒的作息，几个月过去了，才刚刚把入睡时间从一点拉回到十二点。

每天清晨醒来我会懊悔，会心慌，会联想起一大串晚睡的健康隐患，可蹉跎了就是蹉跎了，食言了就是食言了，我没任何借口可找。

决心是个好东西，而比决心更可贵的，是持之以恒的执行力、摒弃诱惑的强大意志、高大的自我实现要求。

这些是我从那些拼命的人身上看到的。

网上有个"为什么有的人总是那么拼命"的问题，其中一个答案是："有的人拼命是为生计所迫，有的人拼命是为清洗自卑，而有的人拼命——你一定想不到，他们是为了享受人生。"

你觉在家门口摇摇扇子晒太阳就好，但你一定会看见有人骑一匹铮铮白马，往那风雨交加的远方奔去。在他们的眼里，人生是要打一场又一场紧锣密鼓的仗，摘一面又一面旗帜的，他们力争与荣耀并肩，为此头破血流也不怕。

拼命的人，才是能真正掌控人生的人。

高三时少期盼玩乐，收起心思埋头苦读，你将得到一个更好的大学；大学时少慷慨挥霍，捡起骄傲，谦逊求学，毕业时你将得到更多的选择机会；毕业后，当你掉入生存夹缝，也别忘记踮脚仰望星空，用心耕耘，也许有一天，真就能青云直上。

昨晚聚餐的另一位作者，小米姐姐，刚参加工作时才三千块工资，短短几年时间便在上海买了房。

所有开挂的人生，
都是厚积薄发

她依然很拼，昨天在聊天间像个雷达一样搜集写作素材，说要盘算好接下来两周更新什么。已经结婚的她，还准备复习考取浙大的研究生。

我总是想对这些拼命的人肃然起敬。

《极度深寒》里说：

"船身上有个洞，这个洞永远都修不好，它不会自己消失，你也不会有新船，这就是你的船，你要做到的是，把水舀出去的速度比水流进来的快。"

生活很艰苦，而我更坚强。每当累了、倦了、委屈了，想一脚踹翻这出戏，但你还是要坚持下去。因为你要保证"把水舀出去的速度比水流进来的快"，这是你手里的人生啊，这是你一个人的孤舟。

生而为人，怎么可以不拼命？

Chapter 1 / 想改变人生的人,早就出发了

一无所有前,我有见过我的梦

前几天一个小姑娘问我:"大力,我很好奇,你们这种在上海月入上万的姑娘,过着什么样的生活。"

我猜她觉得,一万已经足够多了,足够支撑起她对于北上广宏大辉煌的想象。

所以我没回答她,不想让她失望。

不想让她知道,在上海,月入一万只能说稍微跃出了温饱线一小截,拇指尖那么一小截。你要说生活改善了吗?有的,在市区敢打一小会儿的车了,50多块,多一点的不敢打。

衣服可以买 Snidel、Maje,但也只限买一件,剩下的还是网购;轻奢可以买,但是得代购,频率三个月一次。

通常打底衫或基础款,都买便宜的,反正看不出来,钱要省下去

所有开挂的人生，
都是厚积薄发

买那些一千冒头的好看风衣。一千块是买门面的，谁买一千块的打底，那便是真正的有钱了。

租房的话，静安什么的就不要想了，想住得舒服，不跟人挤，没有五六千块下不来。合租会便宜很多，两千块OK，对单身女孩子来说，合租风险很大，不过有什么办法呢，要你砸五六千在住宿上愿意吗？不愿意的，每一分可都是血汗。

我在闵行读书的时候，曾经在人民广场实习过一段时间，那是什么日子呢？公司早上九点半上班，我六点钟就得起床，坐轻轨五号线进城。

早高峰到什么程度？一整车的人，塞满了，塞得站都站不稳，车门经常被挤得关不上，要关好几遍，可大家都赶着去公司打卡，这样的时刻，车厢里很多人一边捏着手机，一边长长地叹气，冲着门边的人说："别上了，等下一班！"

我每次听到这样的话，都觉得……很可悲。同为赶时间的人，在车厢里一起被浑浊的空气灌得头疼，早上七点不到，从"7-11"买来的30秒加热的早点，在狭小的缝隙里被捏成了泥，没人有说话的欲望，这里只有钝重的生存。

却还要相互驱逐。

没钱的人，在上海早被无形地驱逐过无数次，这个城市丰盛、美味，万花筒一般，但它就像橱窗里闪闪发光的限量款，一翻看它的价签，吓一跳，价格不菲。

有人看看价签,摇摇头就走了,但有人看看价签,决定回家攒钱。

上海给我最深的印象,是它坐落着几家最顶尖的公关公司,里面的女孩子都蛮有趣,取的英文名好听得很,Kristy,Crystal,Fiona,Leona,朋友圈发的聊天截图,一句话里夹六个英文单词,三个专业简写,周五晚上衡山路,周六清晨新天地,出差一律五星级套房。

她们中的一些,是家里真的有钱,回老家爸妈直接送别墅的,但也有一些,确实是打肿脸充胖子。

倒也不是虚荣,只是在上海工作,很难不想染指它的繁华,像一块香甜的蛋糕摆在面前,拿手指悄悄蘸一小口,不过分吧?谁在去了外滩过后,不想住一次能看见江景的五星级酒店呢?你在其他城市,可能会觉得"怎样都好",但你在上海,你会很容易觉得"有钱才会好"。

你可以清心寡欲,但房租、车程、动辄上千的专柜化妆品、在市区随随便便50块往上的外卖、25块起价的一小杯果汁,这些都在紧实地提醒你:你需要钱。

我们来算一笔账,月入一万的话,扣完"五险一金"什么的是8000,房租水电交掉3000,剩下5000,2000块拿来吃饭,偶尔逛街、应酬,1000块多少要拿来孝顺父母,你最后剩到的钱,也就2000。

怎么讲呢?活得这么捉襟见肘,是我们不够努力吗?不是的,我认识的在上海工作的每一个人,都非常努力。

可一个事实是,挣钱也是需要天赋的,在公司里勤勤恳恳做好几年,挣的都是本分钱,真正知道油水肥在哪里的,比如经商的,投资的,

所有开挂的人生，
都是厚积薄发

早就收入指数飙升，但我们作为没头脑的普通人呢，挣大钱的魄力和胆量是一点也没有，只能辛苦得万分吃力，挣一点点，只是那么一点点，多劳多得的小钱。

这里没什么人偷懒，因为很简单，偷懒就会活不下去。

有人曾经问我为什么不想留上海，我只说了一个字。

累。

但我前两天跟朋友吃饭的时候，他说，你知道吗，你如果不是在上海过了四年，可能根本没有机会职业写作，你看《凯莉日记》里的Carrie，不也是去了纽约才慢慢走上作家路的吗？

——关于上海，我说了太多"钱"，诚然，这是个让你深感自己贫穷、匮乏、渺小、庸俗的城市，但这也是个为你激发灵感、真心、热情、信念的宝地。

它的一切机会都向你敞开，它的精英人群鼓舞着你，它见证了很多人白手起家，后来走上巅峰，它不阻止任何一个人怀抱理想。

它是流动的，生气蓬勃的，永不停息的。

月入过万也远远支撑不了我们过那种电影里轻飘飘的日子，像我们这样、没天赋、没资历却又渴望很好的生活的人，也只能时不时踮一踮脚尖，像攒十来天的钱买小奢牌，像为一个拿得出手的项目熬夜三个月，像省吃俭用半年才有一次希腊游，像依靠自己颤颤巍巍地才终于经济独立。踮脚尖是踮不了多久的，脚背会酸，重心会倾斜，踮一小会儿，就得站回地面上。

但至少踮起来过。至少在那样的瞬间,你是比曾经灰头土脸的自己更高的。

而人这一生有几次跟光鲜、跟夙愿稍微近了些的踮脚,哪怕只近一点点,近那么一阵子,也无悔了吧,像《关于我爱你》里面唱的,每次都听得我心有戚戚:

"在必须发现我们终将一无所有前,至少你可以说,是的,我有见过我的梦。"

是的,我有见过我的梦。

所有开挂的人生，
都是厚积薄发

撑不过去的时刻，再多撑一小会儿

是在昨天，我站在上海地铁的窗前，看自己微微摇晃的身躯被印进街区里星星点点的灯火时，心里轻轻地唤了一句，冬天又到了。

对，冬天又到了，年年寒冷相似，西伯利亚吹过来了大片大片的冷风，像一只鸟飞速地俯冲下山崖。气温不断降，不断降，行人把每一寸皮肤都藏起来，只露出惶惑的眼睛；情侣们依偎得越来越紧；快餐店里独身的人们生怕护住脖子的厚重围巾沾上油渍；等红灯的中年西装男子拎公文包的手被冻得通红；白领们坚持穿着八厘米的细高跟，长大衣像烈烈战袍，只露出两根纤细的小腿。

我向来不喜欢冬天。你已经知道了，这是个什么都好像在沉下去、沉下去的季节，尤其闵行，没有夜宵咕噜噜地冒出热气，没有姑娘们白晃晃的腿、莺莺燕燕的笑，对话都干涩地在风中打旋，丢失了生动。冬天的颜色也灰溜溜，大衣们采黑白棕作主调，穿红黄绿有些精神得过了头，围巾也是，把女孩们的脸蛋衬出一层扑簌簌的寒意。

我近几年的冬天都过得……不是太好。2015 年的冬天我在写第一本书，同时实习，没多少钱，但还是要每天准时准点挤地铁，为了赶工，用手机备忘录敲敲打打，常常忘记晚饭；2016 年的冬天我在考研，每天九小时泡在图书馆，没有黄昏，没有深夜，更没心情兜风、散步，只有笔记、试卷、单词本，我靠着听 The Chainsmokers，靠着尽量不去想"我这么辛苦是图什么呢"，隐隐地，又青筋暴露地，撑过去。

昨天也是，我赶去动车站的路上晕了车，后来脑袋混沌地过安检，拖着十几斤的箱子，疾走于一个又一个地铁通道，换了三趟地铁。行人们皱眉、叹气，站我旁边的一位中年男子不知为何愤怒，用拳头不时砸向车门，引人注目后又很快低下头。

我不觉得他怪，只觉得他一定很苦。

谁不苦呢？我曾在冬天去一家小公司上班，主管对人态度挑剔，因为我听错了一句话，直接斜眼训斥道："你哦，今天就坐着玩儿，什么都别做了。"那天我穿错了外套，实在太冷了，我到了下班点没跟谁打招呼，悄悄地溜回学校，可闵行更冷，我一下子觉得，自己无处可归。

冬天啊，冬天，你告诉我，我的绿洲在哪里？

冬天它从不告诉我。

冬天的人生啊，琐碎总是最多。

工作了的人们，要开始烦恼怎么多冲点年终 KPI（关键绩效指标），

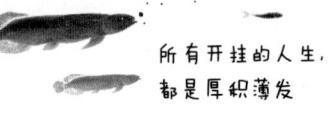
所有开挂的人生，
都是厚积薄发

写点年终报告，争取年终奖；象牙塔里的人们，也在期末的、实习的无数份报告的夹缝里，艰难挪步。冬天总是容易感冒，所以别瞎吃，别瞎露腿露脖子，放纵也记得提心吊胆，否则鼻涕就耷下来了，害你搞完一桌的纸。冬天不像夏天一样，可以跟好看的恋人谈一场只有吵架接吻的恋爱。冬天你需要太多温暖了，你总是孤独，于是开始觉得恋人再好看也没用，谁都治不了你，也救不了你。

在这个11月，快要考试又快要交新书，日程最紧凑的时候，我却彻底软下来，在凌晨和朋友聊天：

"你说，现在困扰着我们的这些，将来到底能为我们带来什么呢？"

朋友问："哪些？"

"琐碎。"想了想，我说，"没有意义的琐碎。比如一场拖上半个月好不了的感冒，一次莫须有的加班，一个不成熟的爱人，一篇以自己的水平根本磨不出来的论文，一天又一天必须要挤的公交，比如所有你必须要应付的，挡在你前面，让你不得不跟它们短兵相接的鸡毛和蒜皮。它们让我觉得我的人生像一双起了球的袜子，穿上了心里硌硬，但不穿了，又有点儿可惜。"

朋友发了一个摊手的表情：谁的人生不这样？谁的人生不是跟琐碎交战呢？

"你别看我开网店，每天飞来飞去，其实每天哪里只有化妆拍照，还有对账，还有催设计，还有打点客服，进货的时候为了几块钱都跟人家砍半天价，灰头土脸地跑长途，顿顿Excel配外卖，没时间坐餐厅里吃，你以为有谁活得轻松吗？不会有的。"

这让我想起很久以前的一个女性朋友，年纪轻轻就创业，而且罕见地成功——在她正式成立公司之前，她带领的团队势头已经非常好，但她那段时间过得一点儿也不舒心，出个差到处延误、堵车、酒店爆满，还有回不完的微信、一桩又一桩需要考察的合作项目，朋友圈里常常是：终于忙完了，可以坐下来泡一杯牛奶，太幸福。

不得不提起我曾写过的一句：人最宝贵的，是活得不紧急的时光。

还有一句没写上去：人生啊，往往是紧急的时光更多。

我 2016 年 11 月的时候在考研，一个人背着几百页的资料，在图书馆从白天坐到黑夜。要考的专业只招三个名额，很是残酷，我不太敢反复温习这一事实，只敢埋头苦读。

很多时候我一个人走回寝室，呼吸都像掺了冰，没有朋友跟我谈笑，没有什么节日是有闲情过的，没有谁跟我一样需要每天六点逼着自己起床。我看着迎面走来的比我小的校友们，那个时候我真真切切地觉得：我的人生完蛋了，此后只有下滑、下滑、无尽的下滑。

真的是这样吗？

不是。

2017 年春，我以全国第一名的成绩考上了那所学校，甩下二、三名几十分。在那之后，我分享了自己考研的经历，再之后我写了一篇大火的文章，收入翻番。我飞去了热带的岛屿游泳，飞去了赤道上娱乐至死的小镇，那里一到晚上 club 全数开放，我从未如此感觉自己青春洋溢。

好像冬天一下子消失了，消失在了我 11 月流过的眼泪里，消失得

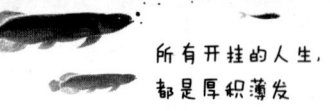
所有开挂的人生，
都是厚积薄发

那么迅速，像一个喷嚏。

谁没有过被困在绝望里，误觉自己一辈子都出不来的时刻呢？

后来很多读者对我说，快高考了，实习快结束，没有留用名额了，付不起租房钱了，因为坚持爱好和所有人闹翻了，每天一睁眼睛就是绝望，该怎么撑过去呢？大力，你有过什么撑不过去的时刻吗？

我在心里回答了一万遍：有啊，当然有，太多太多了。

但我怎么从冬天走过来的，很难，却也不太难，不过是我在所有撑不下去的时刻，都硬咬着牙，多撑了那么一小会儿。

一小会儿，就够了。

我不像从前那样惧怕冬天了，虽然我依旧时不时感冒，虽然我依旧每天与琐碎交战，但我不像从前那样惧怕了，希望你们在人生所有的难处面前，不要气馁，不要太快往回奔逃，你只需要多撑那么一小会儿，最冷的那几天，就会悄悄过去。

这是真的，等冬天溜走，记得感谢它对你的打磨。它满是冷风，但它如此温柔。

给 20 岁女生的 10 条人生建议

我前两天去找朋友玩,临走前他在车上对我说:"大力,想清楚你要什么。或者,想清楚你不要什么,剩下的,就是你要的了。"

我用力地点头,可心里还是觉得,不容易。

人生这一路真是,抖抖索索,摇摇晃晃,探不清未来,未来永远是一片迷雾,可是能怎么办,谁都没被命运发到过指南针。还不是只能……捧好忐忑,继续向前走?

那天回家后,我认真想了想,我以后应该成为什么样的人呢?

答案并不明朗。

但我却想到了这一年的成长,从开始写作,开始考研,到开始学着当个大人,有诸多经验或曰教训。它们是我的印记,亦是我的宝藏。

我挑出了自己最受用的 10 条,想分享给你。

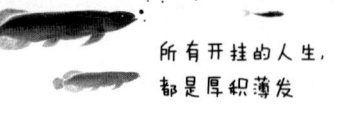
所有开挂的人生，
都是厚积薄发

1. 对工作永远坚持精益求精的态度

想不到比"20岁"更适合打拼的年纪了。我一位朋友，一年前进了广告公司做文案，没学过什么职场招数，就是闷头做事，对自己每一份经手的作品负责得彻彻底底。同事忙着拍马屁的时间，她拿来学习国外的case；朋友圈里的文章，全是专家大佬们艰涩难读的行业分析。

她的收获不单是升职快了，还当上了几乎是最年轻的小leader，同时口碑也在广告圈里树立起来。想挖她的不少，开口都很慷慨，以后伸向她的橄榄枝，定只会越来越多。

我觉得，她不是在挣薪水，而是在挣资源。

不管你从事什么行业、资源，都是决定你发展高度的核心要素。资源怎么拿？当然不是套近乎就能拿到的。资源要靠能力匹配，能力不过硬的人，侥幸抢到了好资源，也端不住。

在工作里要点小心眼，偷点小懒，短期看来没所谓，但长久下去，会拖累你的发展。

你不努力，资源就会滑到比你拼命的人手里了。

2. 学习理财

我有过花钱速度无比可怕的时期，大概是挣一万花八千的水平。

这是极其不健康的。不说花钱心不心疼的问题，对花钱不规划的习惯，会让你辛苦挣来的钱，无法发挥它最大的价值。

理财不是不花钱，而是花钱花得科学、漂亮。

糟糕的理财，一是不记账，二是购入过多消耗品，而非自我投资。

我知道 20 岁开头是虚荣心旺盛的年纪，千辛万苦挣到了两万，会很想买个奢牌包花完算了。但这样垫高的消费，其实很愚蠢。

想办法杜绝。

3. 爱而不得是很正常的事情，哭都没必要哭

我近年来最大的进步，是不再为情所困了。

哪怕遇见了非常出众、我非常想得到的人，出于各种原因无法在一起时，我都能很快消解。或者说讲小一点，等不到意中人回微信时，我还是该干吗干吗，活得"郁郁葱葱"。

不去为"一己之力无法扭转的局面"操心，是成年人必备的智慧。

我也曾在被喜欢的人拒绝过后，几乎终日痛哭——最后发现自己除了一双浮肿发红的眼睛、一具因晚睡而日渐脆弱的躯体以外，什么都没得到。

所以何必呢？既然跟对方无法在一起，你花零点五分的精力是这个结果，花两百分的精力也还是这个结果。

我今天跟朋友聊，我说跟一个不可能的人纠纠缠缠其实可没劲儿了，不如乖乖挣钱。

钱是我确定能挣得到手的，你不是。

4. 要有一群可以在他们面前 blahblah 说胡话的朋友

有一群交心的朋友真是非常幸福的。

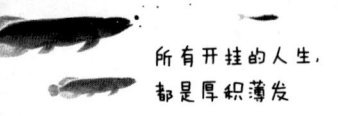

他们会在你面对各种各样无法缓冲的压力时，为你递送来干净的、安心的、纯粹的快乐，如同一阵馥郁的香气。

我写过"快乐才是这个世界上，真正千金难买的东西"，至今仍然这样觉得。

而朋友们呢，除了给你快乐，还给你依赖。

非常可贵。

5. 不能把快乐单纯建立在物质上

可能20出头是很多人开始有点小钱的年纪，会多花点银子买以前买不起的一二三。这是件好事，但也有潜在雷区。

你可以因为买包而快乐，但不能把你所有的快乐，都放在买包这样的事情上。当你因为买200块的包高兴过后，下一次高兴就是买2000块的包的时候，当你对2000块的包也生厌了，又会去找20000块的包。

相信我，当你有一天买20000块的包也不高兴了，会陷入沉重的空虚。

你的快乐应该分摊给很多件事情，比如私人爱好，比如团聚，比如认知提升，等等等等。你是个立体的人，切莫被欲望占领。

6. 除了变美和有钱，你还该有自己其他的信仰

同上。大家都爱美，也都爱财，你也爱，这没有错，但问题在于，你不能只爱美，只爱财。

你应当有自己独特的追求。

7. 多向别人寻求人生经验

我反思自己这一年以来的经历，发现自己走了不少弯路，全部出在自己"误打误撞"的决定上。而一些并不明智的决定，至今依然影响着我。

这个时候我会很希望，当时的我有向前辈或者某一方面专精的人，多问问，多讲讲，多沟通沟通。

我们都是第一次做人，可有人是走在你前面的。找 ta 问问路，自己别走得太盲目。

不用怕丢脸，谁都年轻过，都手足无措过。没关系的。

8. 能自我调节负能量，并借以反思

负能量，是间歇性的颓丧、惰怠、自我怀疑。

我说的反思，是从负能量当中汲取经验，或者将之反向利用，作为激励。

比如觉得自己"怎么这么没用"的时候，就要加油打起精神，告诉自己说"以后要做个优秀到连自己这么拧巴的人也服气的人"。

你会因此精进。

9. 多读书，多读"无用"的书

多读书不用我多讲，这里形容的"无用"，参考复旦大学的校训"自

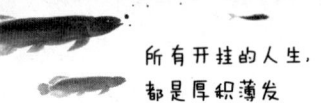

由而无用"。

我是觉得20出头就一猛子扎进成功学里的人，欠缺一点丰富性。

不如多读些"好像在现实生活中找不到用处"的书，比如科幻，比如遥远大陆的历史，比如冷门知识，甚至比如新的学科。

一个人的精神世界应该逐渐培养起来，让它宽阔、充盈、拥有抵挡损毁的能力。一个人将从此处拾得他内心秩序的柴火。

10. 羡慕别人但不强求

把这一点放在最后，是因为20岁出头的你，可能会面临很多"别人的光鲜"。

所以，很多人被嫉妒、焦虑、亦步亦趋而击垮。我不希望你这样。

我也有实在是很羡慕的人，也恨过自己，为什么和人家相比，自己显得这么弱小呢？但后来觉得，是谁规定一个人务必要赶上另外某一个人，才算完美？有时候比较无意义，只会伤害自己。

把这一条放在最后，是因为我觉得20岁最好的智慧，其实不过四个字：专注自身。

外面怎么五光十色，外面怎么纸醉金迷，外面是哪种流行，其实都与你无关。

我这样描述过自己：

"没能活成别人家的孩子，只活成了自己。"

一点经验，作为撰写和记录。

20岁是无限可能的年纪，或许还是个为你们将来的人生定型的年纪，别怕，别顾忌，希望你们勇敢奔跑、勇敢闯。

美好有很多，去拿过来，攥在手里。

比什么也没有提升自己的 GDP 过瘾

曾经跟这样一个姑娘聊过天。

我俩是初相识,处于试试探探、摸索各自品性的阶段,聊天的内容,不外乎像翻简历一样:

家住哪里、哪里读的本科、现在住哪个城市,如此云云。

我本没有兴趣去过问她的感情状态,更觉得这样不太礼貌,倒是她,在很简单的对话里,也要不断地把男朋友 cue 出来。

我:我家住成都的,那里蛮休闲的。

她:成都我知道,我跟男朋友一起去过……可惜他是上海人,吃不了辣。

她:你不是在等研究生开学吗?最近忙什么?

我:我去北京签了趟书。

回想了下我入住的性价比低破天的酒店,我顺口说了句,北京住宿蛮贵的。

她:哎,你可别说,前阵子我男朋友跑去中关村实习了,住的是月租一万多的公寓,叫他省着点儿,他也不听。

她:你在杭州读研是吧?

我:是啊。

她:杭州是好地方啊!我男朋友 Z 大毕业的,刚刚准备给我在杭州买婚房,杭州就限购了,你说晦不晦气?

至此我已经完全不想再听她讲男朋友了,但贴心如我,还是奉送了一句藏住了不耐烦的恭维:"你男朋友好厉害呀,你真的好幸福呀。"

大抵是赞美得正中她下怀,虚荣心饱肚了,她很快结束了对话。

她并非个例。我是在前几年放假回家的时候,突然发现,活到 20 多岁的年纪,女生们茶余饭后的谈资,已经从攀比包包或生活费,过渡到了攀比男朋友。

男朋友皮相诱不诱人,还都是其次了,现在聊天当中拿出来竞价的,是男朋友的出身和段位,像家里是不是丰厚小资,有没有大把车房预留金,像本科是不是 C9 校,研究生是不是常青藤,是不是奖学金拿到手软,是不是一毕业就拿 500 强 offer 的成功人士。

有一次女生聚会,有人抱怨说每个月都想买新包包、新衣服,可是钱包不允许。这时有个姑娘掰着手指头跟大家讲,她就不担心啊,反正她男朋友已经工作了哦,工资很高的,每月会往她卡里打 5000。

众人一片嘘声时,我想到我认识的圈内的女生朋友们,靠自己的收入就能把自己养得无比阔绰,每月紧锣密鼓地工作,关心KPI和上升值,在竞争激烈的写作界拥有自己独特的成就,写书、开店、签售、掘IP,便觉得……颇为佩服。

男朋友有多厉害,并不能作为一个女生本身的叠加价值;一个女生的价值,永远只来自于她自己。她有何成绩,有何建树,有何信仰与坚持之事,才能真正决定一个女生所站的位置是高是低。

三毛曾经说过:"当我们不肯探索自己本身的价值,我们过分看重他人在自己生命里的参与时,孤独不再美好,失去了他人,我们便惶惑不安。"

我想,也只有像她一样,独立、果敢、热爱自己的姑娘,才能如此纵情一生,在辽远的大陆遨游,将见闻抒写为脍炙人口的篇章。虽也有爱情不幸,但在荷西逝世后,她竟能顽强地疗愈自我,继续写书、巡游、演讲、授课的生活。

难怪她的父亲陈嗣庆,将她的一生,形容成一场尽兴的"燃烧"。这漫长的一生虽也有爱人,但最终,是在和自己的灵魂对话、拥抱,跳一场步步有力的探戈。

林宛央曾经写过:比公婆,比爹妈,比老公,都没什么劲儿,哪有比拼梦想的up值,以及女人的GDP(生产总值)过瘾。

当你着手开始提升自己的时候,你会发现,源源不绝地开发自己的人生价值,比拉着别人絮絮叨叨地夸耀男朋友、夸耀项链或连衣裙的品牌，要有趣太多了。

当然，对着一个优秀的男朋友沉醉一会儿，或者想拉上全世界领略自己男朋友的好，都是OK的，恋爱还不让人花痴，不就反人类了？但咱们心里得拎清一笔账：男朋友是男朋友，你是你，男朋友的出众之处，并不能平移到你身上。

上帝创造人类的时候，是用贪妄心与表演欲凿出了漏洞的，所以我们的劣根在于，太爱把外人的光环私挪到自己身上，招摇过市。

这事儿和买包是一个道理，买得起LV，只能证明你出得起两万块，并不证明你是个从小重金栽培、养尊处优、家里有公司要继承的偶像剧女二号。

像《欢乐颂》里，曲筱绡之所以亮眼，是因为她自己在为人处世当中，方方面面散发出的通透感，或者说灵气，不是因为她交到的男朋友赵医生风情万种、年轻有为。

一个越年长越受用的道理是：女生要自己成就自己，不依赖外物或别人来为自己贴金。

每当我在私信里，看到姑娘们为风雨飘摇的感情蹙眉哀叹，都好想摇着她们的肩膀吼几句：读书啊！挣钱啊！努力啊！这么好的年纪，为情所困多亏啊！

与其终日为谁患得患失，哭哭啼啼，不如化悲愤为力量，好好学习，好好工作，好好挣钱。没有一个值得你夸耀的男朋友不重要，追不到那个忽冷忽热的万人迷也不重要，当你自己真真切切强大起来了，出色起

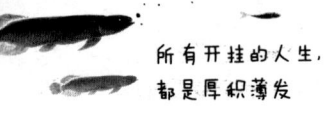

来了，整个世界都为你动容。

到那个时候，哪里还需要搬运一个金光闪闪的"男朋友"的垂怜，来为你的自尊加码呢？

一个人的价值需要死死挂靠在别人身上时，难免显出脆弱与尴尬。当别人都从大牌包、从男朋友身上借光时，我希望你，有魄力昂起头，活成自己的太阳。

Chapter 1 / 想改变人生的人，早就出发了

任何一种成功，都是时间的礼物

前两天朋友找我聊，说他发现了一个令人心碎的事实。

"什么事实？"我皱起眉，用力咬着奶茶吸管里的珍珠，让它们一颗一颗在唇齿间炸开。

"我发现我们能有今天的一点点成绩，其实和才华没什么关系。要是真的有才，早就乘风而上了，对吧？现在能赚比一般人更多的钱，全是勤奋出来的，是一年写几十万字才出来的，跟才华，真没啥关系。"

我不太想承认，但这是事实。

我甚至在餐桌上跟朋友开玩笑说，我这职业跟卖煎饼本质上来讲是同一个职业，卖煎饼的是卖多少个煎饼赚多少钱，我作为写东西的也是，写几十万字，挣几十万块，一样的道理。

朋友笑得腰都弯了，呷口苦荞茶，却又正色讲："你说得对。"

所有开挂的人生,
都是厚积薄发

内容产业近年来红利喜人,越来越多人也开始咨询我:"大力,很羡慕你能凭借写作养活自己,我该如何通过写作持续变现呢?"

我不太清楚要怎么回答这样的问题,因为我不确定对方是否能接受我告诉他:要每个月写几十篇,自立主题;要优质,不能让读者厌烦;要耐心,配合客户;要舟车劳顿,参加各种名目的活动;最重要的是,在你疲倦的时候、生病的时候、觉得"实在是扛不住了"的时候,你还得继续写。

自媒体界的铁律是:没人强制你几点上班、下班,没人逼你每月达成多么漂亮的KPI,但你若给自己放了太多假,允许了太多次掉以轻心,就一定被淘汰。

市场拼头脑,更拼汗水,它比什么都公平。

所以再有才华的人,到了谋生面前,还得恭恭敬敬遵守两个字:勤奋。

我朋友圈里的写作者们,在过着什么样的生活呢?

A. 一位30岁带娃女性,早晨五点起床阅读,九点送娃上学,下午商务洽谈、联络合作,六点接娃回家,晚上写推送,凌晨研习剧本,三不五时还有跨国出差,以及联名办展,月月连轴转。

B. 一位作家富豪榜上的男性,每月无数场讲座、签售、采访,喜欢跟圈内朋友品酒,日程实在太满,于是努力抽空在书店通宵阅读、写作,即将转型影视,显然,又是一场硬仗。

C. 还不太知名的年轻女孩,裸辞过后全职写作,单篇稿酬不高,所以靠数量取胜，创下过一天八篇原创的纪录。至今每月收入不及一线城市白领，但坚信自己有熬得出头的一天，每天孜孜不倦往朋友圈分享文章，请求读者提意见。

相信我，这只是写作行业，其他行业的竞争只会更激烈。

人生这么难，谁不是铆足了劲在活呢？

很多人觉得优秀不过是一个人好运，被上帝垂爱赐予了大量才华，加上一丁点蜻蜓点水的巧力。谁都觉得在这世上被分配了才华的都是宠儿，只有真正想要用才华立足的人，才知道这条路多么崎岖。

才华不够，太不够了，这个时代里"有那么些才华"的人数不胜数，怎么脱颖而出，是要比拼才华以外的其他成分。

所以我断然不敢接住别人对于自己"才华"的谬赞。当别人问及我"你认为自己有什么优点呢？"，我斩钉截铁出口的一定是：

"我很勤奋。"

我曾经因为自己写出的文章不受欢迎，而在男友面前痛哭。当时他对我说的一番话，我到现在都记得。

我问他："是不是我不该吃这碗饭啊？"

他说："如果你这么想了，然后放弃了，那你就止步于此了。你们这个行业，要淘汰的就是这种在半路止步的人。想清楚，成功的人是分子，你退出了，就只能做分母了。"

所以我怎么一步一步变得比从前更强大的呢？我为此心有戚戚，但秘诀只有一个字：熬。

累的时候,熬;失落的时候,熬;被议论的时候,熬;不想熬的时候,继续熬。

现代人的通病,是太渴望快餐式的成功,恨不能前一秒付账,下一秒就能享用成功的美味。他们报名大量的速成课程,三天×××,五天×××,一个月×××,殊不知这些课程只能给你框架上的指导,真的想做出点了不起的东西,只能仰赖时间。

漫长的时间;一步一步走完的时间;任别人三心二意,你仍旧绷紧了弦,快马加鞭的时间。

上帝给年轻人两个陷阱,第一是让他们觉得成功不过偶然,不过大雨倾盆一般无法预料与篡改的命运;第二是对勤奋不抱敬畏之心,做什么都率先找捷径,想拿轻飘飘的"速成"技巧,抗衡一场向高处的追逐必定历经的苦旅。

可这世上最真实的甜,从不来自于速成。

我对许多事情都不确信,除去这一件:成功的人都是那些你作为一个旁人都开始问"何必再坚持"的时候,还继续往前走的人。往前走,可能是绝境,也可能绝中生智,踏平了那高山峻岭,化险为夷,一望无际的广阔就在眼前。

忘了在哪里看过一句话——我们都是普通人,要亲力亲为地跋涉过粗糙干裂的峰与谷,才能终于听到了一点点,奔涌的海声。

任何一种成功都需要时间,就连爆发式成功,也是如此。

没有任何一种成功,不是时间的礼物。

岔路也有宝藏，成功也可非主流

一个发现："95后"们活得越来越战战兢兢了。

这种战战兢兢，比谨慎更深刻，比忐忑更漫长，像心口一处不知何时发作的隐疾，所以得全面戒严。

怕，什么都怕，尤其怕比别人落后。

年轻的狂欢宴上，别人推杯换盏，到了"95后"这儿，他们摆摆手，"不了，我不喝了吧，我得赶路。"

想想看，"95后"们的天真呢？老早被大潮冲走了。这是被网红经济一流的致富神话反复浸泡与清洗的一代，是被金钱、地位、欲望催生了恐慌的一代。你看隔三岔五上微博热搜的，都是些什么话题呢——

"煎饼大妈月入三万""女生18岁成CEO""AI应届生毕业第一年年薪50万"，关晓彤跟鹿晗公布恋情，大家伤心的方式都是"人

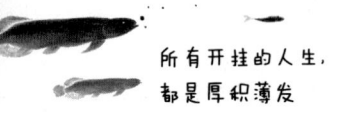
所有开挂的人生，
都是厚积薄发

家的19岁有豪车，有红毯，有小鲜肉谈恋爱，你的19岁有什么？"
——好像再不对自己的人生咬紧牙关，就会不断掉下去，掉下去，掉得只及这批新秀们的脚踝了。

所以不知何时起，当我印象中的大学生活，还停留在交朋友、谈恋爱、读闲书的时候，我发现私信里来自大学生们的困惑，已经换了一批：

"大力，想去兼职多挣点生活费，你有什么好的推荐吗？"

"大力，我是文科专业的，怕以后没前途，想跨考金融行业的证书，可行性大吗？"

"大力，我也想像你一样靠写作经济独立，现在开公众号来得及吗？"

啊，很是吃惊，因为我在大学的时候，很长一段时间，都不觉得自己和"前途"有什么关系。对，是清楚自己很穷，很普通，但不太放在心上，看见同学背着奢牌包，自信得风光无二，会羡慕吗？会羡慕的，但也就一小会儿，那一小会儿酸劲下去过后，窗外依然晴朗。

我大一的时候会每天写两千字日记，会看一本又一本严肃的却不知"何处有用"的书籍，会整晚整晚亲手摘抄喜欢的段落，自得其乐。我的同学们都在做什么呢？在拼绩点，在混学生会，在考雅思托福，为了以后能有个更漂亮的履历。

我一向是人群中最不起眼的一个，连我自己也觉得"我会一辈子没什么出息的"，直到19岁的时候签下了自己的第一本书，直到很快月入破万，直到成立了自己的团队，直到得到了来自一个又一个职业作家的肯定,我才发现:在一群精致的利己主义者中间,我以前的"小差",没有白开,我那条远离了漂亮履历的"岔路",没有白走。

是谁说岔路无宝藏?

你只死死盯着终点,埋头前行,却会失去游山玩水间,独独向你敞开的偏僻风光。你从没意识到,有时候,功利是对人生可能性的绑架。

我认识这么几个姑娘,我们这里分别称为 A、B、C。

A. 三好生中的三好生,人又听话,脑袋又聪明,上了高中后数学和英语双双没下过 140 分,最后考上了一家知名老牌 985,大热的金融专业,今年保了研。

B. 初中三年苦读,勉勉强强才进了高中尖子班,之后保持了三年的倒数,最好成绩也不过倒数第十。沉迷写小说。高一到高三,所有人奋笔疾书,她仍从未停止写小说。大学去了三本。

C. 初中就没心思学习了,高中做了艺考生,后来考上本地一所普通艺术学院。从小爱打扮,在校就是弄潮儿,高中因为染发、文身、打耳钉,成为老师眼中刺,盖章二字:"街娃",喻其不学无术,神似每天晃荡 20 小时的街头失业青年。

目前为止,还是 A 看上去最前途无量。

不过,几年过后的如今,三个人的近况是什么呢?

A. 读研究生开始物色工作了,最后决定回家乡坐银行柜台,月薪 5000。

B. 其实高三的时候,她就已经拥有自己的第一批种子粉丝了。大

学坚持写了四年,现在是职业网文作者,月薪不稳定,最低两万。

C. 根据自己特立独行的打扮风格,开设了自己的淘宝店,自己兼模特与老板,收获了大量忠实客户,真正过上了"每天晃荡20小时"的街头生活。工作是拍照、旅游,po 生活轨迹,并由此变现,月薪同样不稳定,最低五万。

你看,那些从小就十分优秀,决不许自己丢脸、犯错,什么都要争个长短的孩子,抓着一手最尖端的资源,后来也不过顺风顺水去企业做了白领,安稳有余,起色却谈不上。

而一些什么都爱不服气,洋洋洒洒,也不按牌理出牌的边缘角色,好似一路都在莽莽撞撞,谁都觉得他稀里糊涂,没章法,后来竟真闯出了自己的罗马大道,你还在为自己嵌螺丝钉,他那边顷刻间人生飞跃。

当然,我不是说谁钱多,谁就更成功,这样一比更没意思,对吧?我是想说,并不是主流意义上的成功者,才能最终拥有美好的人生。

真的不是。

所有人拼命推着你前进,要成绩好,要才艺多,要500强实习,要多年连得奖学金,好像你一个步伐没跟上,会全盘皆输似的,所以你谨慎,你忐忑,你战战兢兢,你特别恐慌,你觉得世界只属于三好生,你一点点甜羹都分不上。

我曾经也是这样。我在高中数学不及格、化学只考了40分的时候,觉得自己一整个人生都完蛋了;我大学看见所有人简历写得满满当当,什么实习都有,什么奖都有,自己却无从下笔的时候,又觉得自己整个人生都完蛋。后来我才发现,不是的,并不是只有一条路通向罗马,所谓终点，有时候不是地图上的那一个，有时候恰好在岔路上，在尝试中，在所有的"谁知道它有什么用呢"里面。

人生哦，有时候有心插花，它仍要枯萎；有时候无意插柳，那柳却生得郁郁葱葱。它从不因"目的"而律动，它的脉搏，恰好来源于"无用之用"。

你埋头只按照设定的方向走，可能走不到终点。

但你转个头，咦，原来在岔路那边，有一片耀眼的湖。

Chapter 2
人生要脱胎换骨，只靠一张脸是不够的

所有开挂的人生，
都是厚积薄发

人生的主动权，你要自己夺回

朋友说，最近的日子像一阵小跑，上气不接下气，偶尔还绊那么两跤。

他说这话时，是站在租来的第 20 层临时公寓的窗边，8 月雨后的傍晚，是盛夏最好看的光景。云霞像一杯莫吉托，被缓慢打翻在整个城市的醉意里。

但他跟朋友们一起租的公寓，盛满了不修边幅的生活。我刚推门进去，就是好几天的外卖味道，快餐、奶茶、塑料袋随处可见，撕碎的笔记们大块地躺在沙发背脊上，有一位沉沉睡去的朋友，头发乱成一捧茼蒿，疲态几近要溢出来。

他说，大家都很累了，连续跟进项目战斗了半个月，本来是飞这里度假的，结果谁想到还有点儿收尾工作布下来，两天假期？不存在的，又跑了。哪里漏了点，还要吃几嘴骂。

我也发了顿没什么意义的牢骚。我说，我最近也很累，到别的城市出趟差，打车打不到，路上堵了一万年，好不容易开起来，车追尾了。我赶着去酒店入住，大包小包赶到了酒店，才发现朋友给我把酒店订错了，订到了下个月。我又订了新酒店，再次大包小包赶过去，之后失眠，第二天黑着眼圈去签合同，脑袋晕乎乎，结果到了回程的车上，才发现还有个重要信息……我完全忘问了。

最后我们俩长叹一口气，这一开始工作，就没有一天安生日子。

之前"十一"长假，我朋友圈里除了喜庆气氛，还有一批人发"我'十一'时候不看微信，不方便联系，有事打我电话×××××。"

大家都很拼了，准备好了随时接到工作的 call，就绷起那根弦，哪怕是在休息期，在酒吧，在海边，在饭桌，在跟密友谈话的空隙。

成年世界是没有罗马假日的，没有在长椅上捡回一个落跑公主的情节。成年世界的罗马，挤满了工作缠身的都市男女，前一秒跟情人眉对眼眼对眼，电光石火正旺，下一秒就要拿起手机"好的，知道了，期待我们这次合作"，你看，成年人为了丁点浪漫宁愿一掷千金，可浪漫终究是要被成年人杀死的。

因为任谁也都活成了被工作侵蚀的样子，任谁也很难找回一个下午轻盈无恙，可以放下手机跟损友打趣大笑的时候。现代人可以没有艳遇，没有英俊的 bad boy，但不可以没有 Wi-Fi，因为 Wi-Fi 的另一头连着工作。

所有开挂的人生，
都是厚积薄发

为了逃离这种"被工作侵蚀的人生"，我策划了一次出走。

我在还有论文要写、还有新书稿要写、还有很多杂碎工作没敲定的时候，送了朋友一次往返三亚的机票，我们俩逃去海边了。

头两天是很惬意的，晚起晚睡，下午泡泡浴缸，傍晚吹吹海风，酒店与世隔绝，晚上就点酒店送到房间的简餐，看几部像《傲慢与偏见》这样有着一板一眼英式腔的老电影。

但两天过后，一切又复杂起来了。

我没关微信，两天的微信拖着没回，第三天我醒得早，看到两位数的未处理消息——每一条都是一项工作——还有一些连续催上三天的，突然觉得愧疚，我的出逃，多像一种背叛啊。

那一天我规规矩矩坐在酒店房间的客厅里，把手上的工作一项一项安排完，又多写了一篇稿子。五点我便轻松下来了，叫朋友一起下去游了一趟泳，晚上去集市买了点小吃，看了集闹嚷嚷的综艺，放放心心地睡过去。

其实那次从三亚回上海，也是很折磨的，大早上就航班取消，在机场等了一天，晚上坐很久的车去机场安排的酒店，第二天清早赶飞机，路上助理又说这个月的KPI很惨淡，我吸了吸可乐，把它甩进垃圾桶，我说嗯，回去跟你开个会。

你看，对于工作，对于被工作侵蚀的人生，没有什么逃离的办法，没有什么往后退的路。当你决定要做成年人了，你便踏入了疏而不漏的利益之网，你无法舒展地跳一支步步铿锵的探戈，你的每一步都与别人的这一步或下一步紧密联结，处处是丛林，丛林可不像平原，抬头能见到大片大片洒开来的繁星。

而尽管我仍被诸如此类的琐碎困扰着,却不再想要去做"两天不回微信"这样的事情,我不再想要去逃离了。我发现当一个人重整秩序,不被工作进度拖着走,而是端正好心态,主动地去掌控工作,工作便不再是他的洪水猛兽,而是被驯化的一只温顺的家猫。

三天的任务,如果打起精神头两天就能做好,那么你便为自己争取到了一天的自由。

谁能说像这样的一天,不珍贵呢?罗马假日只有 24 小时,但照样绚烂啊。

我 9 月刚来杭州的时候,是陈先生陪我一起的,我们报完到,走完各种各样的手续,决定骑车出门觅食。

骑着车穿梭在风里,在路灯的阴影间,在笔直的马路上,经过几个提着"7-11"便利袋慢悠悠晃的中学生,有那么几秒钟,我突然感到了一种心无旁骛的快乐。

那是我从散漫写作到学生的切换期,之前的所有工作都到了尾声,尽管我依旧绷着一根弦,但在那样的时候,我是自由的,我是完全空杯的心态,等待着人生随便给我倒点什么进来,我都欣欣然。

人生需要空杯心态,就算工作缠身,也一定要在工作与生活的博弈中,寻回内心的平衡与阒然;从被工作侵蚀的人生手上,夺回你的主动权。

第一,你仍保持随时待命;第二,少点抱怨,对工作精诚而积极;

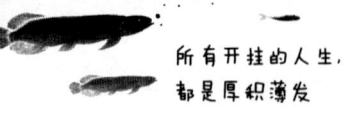

第三,要认识到"利益相关"正是成年人的逻辑,别逃,而是要与之共舞。

虽然丛林抬头不见大片大片的繁星,但在丛林的树与树的间隙,还是有可以凝望的小块却干净的天。

而人生呢,不就是在一地鸡毛与另一地鸡毛的间隙,捡拾星空的片段吗?

再不用力活,真的就老了

前阵子我偷闲,在泰国度假。某一天因为赶飞机,需要凌晨三点拖行李出发。

在等登机的间隙,我突然感觉胸口发闷,极为难受,紧接着心脏一阵剧痛,仿若被一只手掌压制。

很快,工作人员开始催促登机。彼时慌乱,但无他法,只能硬着头皮上。

在飞机上,我度过了最为恐惧的一个小时。我出于工作原因,时常熬夜,所以在身体强烈不适的瞬间,是真真切切地在担心:

我会不会猝死?

那个时候我最大的感受是什么呢?是突然觉得,身为人类,这条命原来如此脆弱。原来上帝将你分发到人世间,也是可以随时召回的,

所有开挂的人生，
都是厚积薄发

像是降落于地面的雨珠，终究要摔碎，干涸，蒸发为无形。

机窗外蓝天无垠，那刻我陡然一惊：

纵使三千米的高空，也不及宇宙浩瀚的毫厘。我们是如此渺小。

所幸当天休息后，身体迅速恢复正常。同伴略懂医学，松了一口气说没有大碍，应该只是早起劳累而已。

想到这次度假前，我总是为鸡毛蒜皮的小事动气，诸如外卖小哥忘送勺子、图书馆路上遭逢骤雨、轻微感冒久而不愈……这样无关紧要的琐碎，竟也使我深感被世界折磨。

今年 8 月，我经历过这样一段时期：每天忙于工作，进展不错，但过程中四处协调、核对，跟瑕疵交战，以致兴趣全无。工资及时到账，也打消不了暗流涌动的那股子"得了吧，我不要再写了"的念头。

压垮骆驼的最后一根稻草，是助理写了一个错字，我发了脾气后，为此失眠一整夜。不是觉得一个错字多么过分，是觉得一切都糟透了。虽然有钱挣，有人爱，但我已经疲于应付生活。今天这里一个错字，明天谁知哪里一个暗礁呢？

微博上有段话，是说就像毛衣一样，我们人类跟任何一种生活摩擦久了都会起球。

对，"起球的日子"就是这样的日子：自己明明正处于大好青春，却被琐碎绊住了脚跟，在莫须有的烦闷里，过早地失去了对生活应有的新鲜感和探索欲。

朋友说，不知怎么的，总感觉对人生打不起精神。

"以前以为'我很有钱但不快乐'是故意气人的胡话,现在才发现,变得更有钱了以后,除了大大方方刷信用卡,其他时间里,竟真的不太开心。"

我说,因为你其实不享受自己的人生,你也不热爱它,你只是在竞争激烈的时代里,同众人抢一碗粥,很努力地,想喝得更富颜面一点而已。一个失去了激情的人,拥有得再多,也填不满心脏的空缺。

失去激情的原因,是我们理解这个世界的方式出了问题。

我们跟这个世界总处于一种"间接接触"的状态。

你在社交网络上浏览别人的纸醉金迷与呼风唤雨,觉得自己将数十年人微言轻;你的眼睛被很多商业地标喂饱,在logo和标签中沉浸,担心买不起LV的人生立马要完蛋了;你翻看耸人听闻的社会事件,围观难堪的争吵,跟别人撕破脸皮,然后感叹这个世界:越来越难以捉摸,越来越疯狂、病态。

但这些,并不是这个世界的真实。

是你先暴躁了,这个世界才不对劲起来的。

我看到过一段话:网络社区逛多了,会觉得大眼小脸、蜂腰长腿的才叫美,但当你四处走走,看到街上追着气球奔跑的孩童,洋溢纯真喜悦的脸;看到跟你友好招呼的皮肤黝黑的女孩,整齐洁白的牙齿;看到下午三点安安静静坐在糖人摊旁的老人,祥和地晒着太阳,你会觉得这些都是很美的,这些美是很广阔、很原始、应当被珍视的。

朋友说他有阵子忙论文,很是心烦,睡觉的时候,眉头都是不自

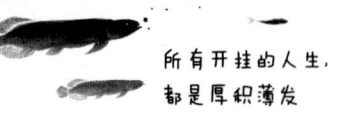
所有开挂的人生,
都是厚积薄发

觉皱着的。有一天在实验室昏睡时,朋友笑着,轻轻帮他把眉毛捋直,说,你不皱眉才好看。

那个时候他觉得,人与人之间温厚的善意,真的特别美好。

其实这个世界上有很多和"善意"一样好的风景,这个世界没有太糟糕,是你欲望太满,一身戾气太重,是你的心脏,先蒙上灰了。

走出去,去大胆经历这个世界,去勇敢尝试,去爱,去拥抱,去开阔视野,才不至于在狭隘的、无用的垃圾式情绪中浪费了大好年华。

韩寒在《我所理解的生活》里,写到过一次开车抛锚被困在荒凉的公路上的情景。等待救援的几个小时里他无事可做,便抬头注视星空,看它如一条静谧的河,宽广地、无声地、闪烁着,他感慨道:"什么都太繁多了,什么也都太短暂了。"

人不就像夜空中的星吗?终究会撞上白昼,到那时,世界已经不会再有他的痕迹。

一条薄命,像岸边一粒细腻的沙,周而复始地,被命运的潮汐冲洗。

我们无法决定际遇,却可以增加生命的厚度,活得更诚恳、更真挚也更有力,至少不能让自己短暂的人生,在无意义的蹉跎中,惶然流逝。

像王小波说过的那句——"一个人拥有此生此世是不够的,他还应当拥有诗意的世界。"

"90后"每个月收入多少才正常

"90后"有多少收入了？多少存款了？

前几天这议题上了热搜，我去微博上看了一圈，发现哀声一片。从月入2000到20000，都是哭号：

"21岁，实习，月入1000。"

"26岁，月入4500，月月光，不敢要小孩。"

"主管，月入10000+，还不如别人收房租。"

我身边的90后是怎样的呢？

"95后"大多还没经济独立，会愧疚，买东买西还得伸手向爸妈要一点点钱，尤其是电脑手机这种大件，99%是直接找长辈要。

"95后"往上的90后已经开始上班，但高薪的是少数，多数都想做"当代精致女孩"，朋友圈里不是Givenchy圣诞限量，就是画展、歌剧、小众演唱会，但其实还是螺蛳壳里做道场，省吃俭用攒工资，攒很久，

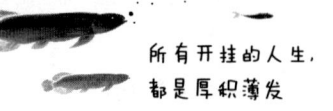
所有开挂的人生，
都是厚积薄发

才够抚慰高品质的精神生活需求。

我们曾经以为毕业过后呢，虽不能像《小时代》里一样香槟红酒 Prada，至少能每月盈余，逐渐富足，直到银子垫出身轻如燕，不愁花、存款、车贷，才好在朋友圈里发一句优渥的牢骚，"什么都拥有了，却迎来了中年危机"。

……而事实是你连第一条"每月盈余"，都做不到。

真实的 90 后们，究竟有多少收入，在过着什么样的生活？

我和我的朋友做了一次采访。

@661，1996 年，大四在读

月薪 0，存款：6 万

"6 万是我存的 21 年的压岁钱，日常消费 1500 一个月。不过 1500 我也用得蛮丰富，主要是吃饭、买衣服、看电影，衣服不会买贵的，对脸会稍微讲究一点，圣诞季的时候有折扣，会一次性买很多雅诗兰黛一类的护肤品套装，用很久。"

@MM，1994 年，游戏 PM

月薪 8K，存款：5 万

"我是沪漂中的挥霍一族，虽然月薪 8K 但仍觉得不够用，因为爱买 SK Ⅱ 和 MK 包包，其他都看不上。周末会去吃日料、火锅，时不时出没各种音乐节。去一次音乐节绝对大开销，门票、路费、住宿、餐饮，全都是支出。"

@Tina，1993 年，自媒体作者

月薪 3-5 万，存款：3 万

"其实我赚得不算少了，工作一年多了，好好存下来应该也有二三十万了，但是我存不下来。就是钱来得很快，然后不太会珍惜，现在喜欢买 LV 和 Gucci，基本上一个月一个。认识太多富二代了，奢侈品一个接一个地买，经常跟他们玩，有时候我都误以为自己也是了。"

@眷眷，1992 年，编辑

月薪 4-5k，存款：1 万

"每天都很努力，但钱还是只能挣那么多，我能怎么办？外卖一定要点满减的，衣服一定要买打折的，还有秒杀的，化妆品全部海淘，500 块的包也要到处找有没有优惠。但还是存不下钱，可能我太爱吃了，经常吃几百块的，我不想让自己饿肚子。"

@Sweet，1994 年，房地产公司职员

月薪 12000，存款：6 万

"我工作一年多了，存下的挺多的，因为钱挣得太不容易了，加了不知道多少次班才等来发工资，真的舍不得用。房租每月 2K，水电费我都很省，衣服就优衣库、Zara 这样的，双十一会买网红店的大衣，不到 1000 一件，化妆品基本韩妆，护肤品也是兰芝这样的，最近想买 SK Ⅱ，没狠下心，等发了年终奖再买吧。"

@吴明，1991 年，游戏原画师

月薪 2 万，存款：负数

"我完全月月光。不知道怎么理财，不太注意自己赚了多少钱，反正出去玩的时候卡里有钱给我扣就行。喜欢去酒吧、夜店，没别的，

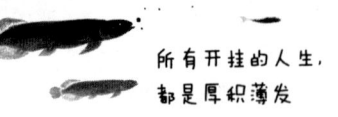

就因为好玩。上班太累了，存着钱就不太开心，就希望周末去有意思的地方放放松。"

@JR，1995年，条漫画手

月薪2-3万，存款：20万

"我12岁就开始拿着2万压岁钱炒股，在15岁破了10万，后来亏了一些。22岁后依靠画画的收入，存款大概有20万。基本不护肤、不打扮，没那个爱好，所以用得少。支出主要是买手办、画画工具和一些好吃的，哦，还有旅游。"

@Fish，1995年，培训机构老师

月薪3-5K，存款：2万

"我以前在一线城市念大学，觉得月薪3K不知道怎么过下去，不过现在回老家了，发现真的还好。这里物价低，吃饭人均不会超过70，好看的散店里面衣服也就一两百，不过冬天要难过一些，外套要六七百的样子。化妆品我没用过什么欧美系的大牌，除了mac口红。护肤品每月500以内吧，皮肤本来就还行，不需要用什么lamer啊，当然我也用不起。"

回到标题，"90后"每个月收入多少才正常呢？当然，没有绝对值，一切抛开具体条件谈标准的行为都是耍流氓。

但我觉得"收入正常"，应该满足以下几个条件：

1. 收入匹配你的能力。

如果你是个每天舒舒服服缩在被窝里，人生除了买、吃、睡没有其他内容的人，那么低收入是正常的。自身起点偏低、能力不足的时候，收入不及别人也是正常的。有人几万，有人几千，以个人能力区分。

可以攀比，不能瞎比。

2. 收入有盈余。

还有比入不敷出更可怕的事情吗？没有了。花得比挣得少应该是一个人求生的常识，没到买大牌的水平就是不该买大牌，8000块的工资用6000块买奢侈品，在我看来是很危险的行为。虚荣心的膨胀会最终吃掉你。

3. 收入随着时间的推进增长。

大家的工资水平都在涨，物价也不可能突然跌，你的工资如果一直不涨，等同于原地踏步。随着时间的流逝，你会失去越来越多的机会。

最好的办法，不是嫉妒别人多么有钱，或者别人爹妈多么有钱，这些都于事无补，而应该精进自身。

我周围那些毕业时"学历一般，起薪3000，付不起房租"，再到后来升职、创业、月薪数万的例子，简直不胜枚举。

现在过着什么样的生活并不重要，重要的是你有没有好好利用年轻的头脑和身体投资自己，使以后的自己有朝一日熠熠生辉。

与你共勉。

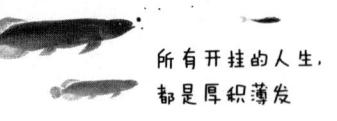
所有开挂的人生，
都是厚积薄发

被优越感耽搁的年轻人

有个姑娘跟我抱怨她的同伴，前半段我听得还好，也就是"她平时有点太矫情"之类的话，直到姑娘蹦出来一句"而且她天天在朋友圈分享什么什么男团的韩语歌，low 爆了。"

我大惊。

什么时候，音乐品味也能被拿出来被人取笑了？

更让我惊讶的是，仔细想想，类似的"看低"其实不少见。我混过玩乐队的圈子，玩重金属摇滚的看不起玩流行的，原因是后者更加"口水"，不算小众。女生堆里，衣服穿高街的看不起穿快消的，诟病后者撞款严重，价格低廉。写文章的圈子里，自诩热爱严肃风格的作者，也看不起那些"三例证一推论"的高产鸡汤文。

"鄙视链"这个词，蛮妙的。"链"，有机且联动，环环相扣，上家吃下家，咬住对方尾巴，揪出对方倒刺，谁都觉得自己比下一个梯级的高贵，谁都眼巴巴地、急匆匆地，往顶端爬。

我平时听的歌就是普通的欧美流行，偶尔听电音，也蛮喜欢分享到朋友圈。听说一个每天分享陈粒、尧十三的朋友，曾这样评价我：

她啊，听着烂大街的东西，以为自己有品位。

可是我想不懂，为什么听民谣就比听流行高贵呢？

有时候我觉得，"优越感"这种微妙的情绪标签，往往不贴在顶端的人身上。满满的水快溢出来，杯子就尽力平静；只有一半的填充，却在壶里沸腾得响叮当。

我没认识多少有钱人，认识的两个家里开公司的女生，为人都谦逊。其中一个，全身上下没有一件单品低于四位数，但还陪我们几个逛平民牌商店好几个小时。另一个，每月零花钱五位数，却节俭到手机开流量都精打细算。

之前有个姑娘问我，说室友讽刺她爱在淘宝买便宜衣服，她很难过，要不要还击。

我想了好久，回复了一句"用这些事建立优越感的人，不理也罢"。

有人拿品位护住优越感，有人抱着银两挥霍优越感，更甚的是，连普普通通的爱好区分，也有人要用优越感划开。

惭愧地剖白一次：我也曾是这样的人。高中的时候我读年级最好的班，但叛逆，周末练歌聚餐，交狐朋狗友，自以为青春汪洋恣肆，厌倦苦对书桌——悄悄反感着班里那些张口公式与诗词、闭口考卷与模拟

的人,罪名三个字:死读书。

直到后来我听说,班里很多人家庭条件都不好,全家的希望只拴在他一人身上,等着用高考分数,换时来运转。

他们不敢松懈,哪里有精力在乎穿着,在乎玩乐?他们多半为人寡言,只怕辜负了肩上的重担,不畏被谁轻飘飘看低。

这段经历教会我:为人得审慎。你只看到谁大大咧咧,谁爱好"低级",你了解人家二十年人生的前情提要吗?你了解他风风火火要往哪里去吗?你不了解。

那么,凭什么觉得,听流行很 low,买爆款很 low,只知道死读书很 low 呢?

容我讲一句,大家其实都俗,毕竟谁也都是个半吊子,兴冲冲跟别人看画展听歌剧,没准只为发一条浓墨重彩的朋友圈。都是凡人,都站得低,何苦踩着别人的身段往高处仰望呢?

我越来越觉得,成长的终点,在包容。

从前我们的心里有太多莫须有的"规则",爱用什么句式的人,矫情;嗓音粗的人,装豪放;爱搭腔的,抢风头;不混圈子的,自视过高……我们对这个世界还一知半解着呢,就赶忙往别人身上分发罪名,一面在外人前假意谦逊,一面得意扬扬,把自己捧为替他人评判对错的上帝。

你觉得有人词不达意,有人花言巧语,有人拿腔捏调,你揣着优越感,觉得没几个人恰当,没几个人"优雅、知性、有品位",殊不知,独独是这样的你,最显得狭隘、无趣、丑陋。

没谁有资格批评谁"low"，就算千万身价的富翁，穿的却是最难看的衣服，也轮不到你来审视。

像我依然在朋友圈分享电音，分享口水歌，我不觉得比名字文绉绉的独立民谣低级。

当你在战场里往反方向逃跑了五十步，就别指着那个逃跑一百步的人，为难他的懦弱。反正你也懦弱，就各自原谅好了，各自抱团好了。你怎么能一边拆了战旗，一边义正词严，指责哪个没当英雄呢？

反正别人当不当英雄，都不是你的事。

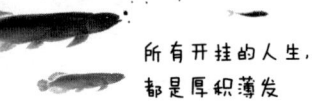
所有开挂的人生，
都是厚积薄发

我宁愿你"怕"的事情越来越多

在一个滂沱的雨天，我陪朋友去了一趟灵隐寺。

殿堂很是恢宏，一眼望不到顶，撑伞的人穿梭其中。几句又几句零碎的低语，如同林中惊飞的鸟们，掉落几根灰暗的羽毛。

在湿滑的台阶旁站定，我举起手机准备拍一张参天的大树，几位老阿姨经过，严肃地朝我摆摆手道："不可以拍菩萨，菩萨是看得见的。"

我解释自己只是在拍树，但阿姨们似乎不太相信，又叮嘱了一遍。

是几位步伐显得笨拙些的阿姨了。队列的末尾是一位需要仔细搀扶的、70岁以上的老人家，目光直直盯向前方，急切心思映在脸上。

那个时候，我脑袋里闪过一簇问题：我们这样的凡人，对于佛，会是始终如一地信仰着，还是仅仅在有难时？比如这位老人家，她是否最近过得不太顺意？或者是她上次在佛祖跟前挂念的事情，如今圆满了，

Chapter 2 / 人生要脱胎换骨，只靠一张脸是不够的

来还个愿？

我的揣度的确有些功利，但这对于 22 岁的我来讲，很是自然。

我周围有些年纪轻轻即大富大贵的朋友，平日香奈儿 LV 爱马仕，恨不能活成纸醉金迷的《小时代》，但偶尔还真有些信徒动作。

会专程飞去泰国拜佛，或者到国内一些不知名的庙宇，求一位高僧的开点，甚至是寻觅一些民间传说，哪个街头巷尾的先生，曾是看得透造化离散的人？

后来我和一位跟我同样一贫如洗的朋友讨论，朋友说，其实越有钱的人，会越怕，你一个月赚 5000 的时候，失去了 5000，只是 5000 而已；但你一个月赚 50 万的时候，一跌个跤就是几万、几十万，要是不注意踩了雷块，赔个血本无归，被打得趴在地上，趴得死死的，不知过多久，才能醒过来，挣扎着起身。

在害怕的时候，他们觉得把希望交付给遥远的、不可猜测与撰写的运，或许比一个人扛下所有，独自、强硬地出击，更好受。

雨一直在下，十月的杭州竟有些清冷。

跟朋友从灵隐寺回市区后，走在灯火辉煌的嘉里中心，我问他，最近有什么特别开心的时候吗，他说，没有。我说那谈恋爱的时候呢，他说也没有。

"看看办公室的格子间里待足了八九年的人们，30 来岁，没什么钱，就要开始讨论附近的幼儿园，周末请不请外教，以及几年后的学区房，或者隔壁的谁谁谁炒股大捞一把，一群人发出艳羡声，又不敢陶

醉多久,要赶紧埋头吃饭,回去赶工。我不想成为那样的中年人,可是我知道有一天我一定也会成为那样的中年人,想起来心里就一阵怕。"

我问,什么叫"那样",他说——"活得没了自由"。

但我想起自己从前跟一个创业公司的 CEO 吃饭,按说他活得比上班族们"自由"些,不愁车和房,散心可以周末飞去海岛,女朋友也换得勤,他坦承自己在感情里没什么道德追求,很多姑娘负了就负了,他也没办法,大不了多给人家买点包。

他当然不怕以后请不起孩子的高价外教,他说他只怕有一天公司崩盘,毕竟新媒体从来不稳定,他怕被对手突然剁上一刀,所以他不断去申请新的公众号,多做出来一个,就多了一点点安全感。他害怕失去工作后的"自由"。

其实你看人生就这样,20 出头的时候怕没有自由,30 来岁又怕自己突然自由。

哪个阶段都不坦然,人活得坦然一点真的是太难了,要脱下紧裹的、拿来取暖的一身欲望,裸露出一颗寒冷的、清醒的赤胆忠心。

但忠心也可能在不知道哪一天,就被锋利地刺穿。

我们被看也看不见的利益网络捆住、绑住,是万万不敢乱动的,倘若被大卸八块,扫地出门,便再无重生之机。

我们手里握有太多太多的惧与怕,我们又不敢向同样艰难匍匐的世人讲明:你看,我心上有这样多的疙瘩。

有人信佛,就去求佛普度,哪怕只是叩拜的那一秒钟,奉出了虔诚;

但更多人是不信的,他们的惧与怕,在命里熊熊燃烧。

但他们决定了要自己消化。

我的学生时代无忧无畏,做自媒体后反而经常担心各种各样名目的事情,插图资源是不是禁止转载,能不能二改,商务口更换要怎么解释,文章维权会不会被不讲理的谁暗中报复,甚至表达跟别人的结构碰巧相似,就得反复修改、避嫌,生怕被人说成抄袭。

听上去还蛮无关紧要的,仿佛不能算大事,但我是实实在在地被困扰着,以至于 8 月的一个周末我躺在床上,凌晨两点,我忍不住要对自己说——"别写文章了,就当个月薪 3000 的普通人,从此再也没有担心的事情了"。

你看,人总是一个不小心,就活得蹑手蹑脚了。

但这种"蹑手蹑脚",其实锻造了我。后来我就开始了解更多的、平时不会在意的知识,我开始学会策划 plan B,我知道了要怎么评估风险。别人做一件事,就是直来直去的一件事,而我的眼光会更远些,它有什么隐患,怎么破解,现在能做什么前期准备,我都是放在心上的。

我才 20 开头,就担心这么多的事情,但我终归是和这样的那样的"怕",一路战斗过来了。

前两天跟朋友吃饭,我告诉她:"不管从事什么工作,一定要做好最坏的打算。"朋友很惊讶,她说怎么你才 20 岁,看事情就这么通透了。

但说这话的时候我是清楚的,一个人"无畏"的时代总是会消逝,胆魄、孤勇,都是些我们注定会失去的东西。但在失去了过后,我们又

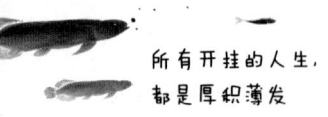

得到了新的礼物。

奥里奥尔·保罗导演的《看不见的客人》里,有一句我最爱的台词:"只有经历痛苦,才可以得到救赎。"

人生海海,我们更温柔了,更周全了,因为"怕"而谨小慎微了些,我们不那么颐指气使了,开始正视苦与痛的分量。我们什么都怕,才有了同理心,有了包容欲,有了与命运一路严肃切磋的炽热诚意。

我写过一句话,至今读来心有戚戚,却也感动:

"我倒宁愿你'怕'的事情越来越多,怕老,怕丑,怕出洋相,唯有这样自制,才能真正成长为体面的、顶天立地的人。"

与你共勉。

Chapter 2 / 人生要脱胎换骨，只靠一张脸是不够的

你的圆融里，要有泾渭分明

我最近认识一位女孩儿，对她非常有好感。

一开始是研究生开学之际网上聊聊天，她没什么婊里婊气的俏皮话，朋友圈又总是一些学术论坛或者科技长文的转发。有些新闻系的业内讨论，她也会发圈，抒谈己见，用词审慎，着力也巧妙。

于是我理所当然地觉得：哦，她也太爱学习了，等念研究生了，会每天在图书馆里泡十个小时吧。

但见了真人之后，我发现她也算半个 social girl，会有很多饭局；会于深夜跟朋友聊些没用、不成形的屁话；会在 11 点打车回学校的半途提议"不如去夜宵"；会熬夜到两点；上课也未必听，会捏着手机，细细密密地，用四处的爆料帖子，一针一脚地缝合八卦。

我最喜欢这种胸无大志的女孩子，怎么讲呢？比起一些 20 岁就告

诉自己以后必须要过香奈儿随手拎、男朋友用BV钱包、开Macan的人生的女孩子,她们的身上,有一种乐为平民的松弛和舒适,像一只包容的海绵,敛住了水的狰狞与浩渺,从不曾向世界青筋暴露。

说远了。

总之我很喜欢她身上这种愉悦的"俗"感,满当当的烟火气,甚至有一段时间,我觉得她会是那种,每个周五晚上都等一个call把她拉到市区彻夜不归的party girl,像《蒂凡尼的早餐》里的Holly,会扬着脑袋在色彩鲜艳的聚会里飘来飘去,讲些胡话,犯些浑,整个人生都醉醺醺。

直到有一天,我发现她在看很多新闻学的著作,一本接一本;她在为科技新闻的公司供稿,一篇接一篇;她还把老师课上提到的每一部片子,都完完整整地看了一遍。她以后的梦想,是写困难重重的调查报道,为此她积极地认识很多报社工作的前辈,甚至有的时候想办法蹭点儿饭局,就为了跟人家加个微信,多交流交流。

是的,她有在每天跟我们厮混,一起虚度大把大把时间,但她从没有忘记,她以后要做什么,她现在该准备些什么。

她畅饮欢乐,但从不被欢乐所麻痹。

这让我想起前两天跟朋友齐哥吃火锅的时候,他讲起一个女孩子,说她玩心重,花钱也花得厉害,晚上九点后找她只需要找两个地方,保准在。

一是三里屯,二是工体。三里屯是奢侈品商场,工体有消费上万的局，但她也不是家里多有钱，就是把自己白天辛苦挣到的，一夜之间全花出去。谁都觉得她活得跟《小时代》似的，徜徉在虚浮里。

但齐哥转头又重重地补上一句：不过，她真的很努力。

公司里大大小小的活动，她都第一个报名，不管是艰深的文学采访，资料需要提前半个月开始看的，还是远赴贫困山区的慈善活动，酷暑八月她披上羽绒服就出发了。极喜爱吃辣的她，去了一个白开水都求之不得的地方，待足半个月，漂亮地完成了工作。

我说，这要是在大学，她就是那种"不管什么讲座都要跑去听一听"的学霸女孩啊。

齐哥点头道：对，正因为她知道自己要什么，所以平时可以随便玩，甚至活得不成章法、晃晃荡荡，但像这样的女孩子，都很能嗅到关键的机遇，而且一定会死死抓住它。

该不松懈的时候，一定不松懈。

我一开始讲合群，是缘于很多读者对我诉苦，"宿舍里其他的姑娘都看不惯我泡图书馆，所以开始孤立我"，这样的事情。我当然不能告诉她什么"那你就别泡图书馆了嘛"，我只能说，别管她们，你自己继续坚持。

但你知道，逆行，向来都是一个代价太大的选择。说白一点，人类渴望合群，这是天性，生来如此。

自己撩拨自己的"逆鳞"之处，怎能不难受？

过去我们以为"合群"仿佛一桩肮脏的妥协，一个人要坚持自己，

所有开挂的人生，
都是厚积薄发

必须"忍受冷眼、嘲笑、讥讽"，在众人笙歌之际，反其道而行之：无比悲壮，决绝，苦大仇深。

——但后来我又觉得，"合群"一定要跟"腐坏"联系在一起吗？"特立独行"的人，就比浸入俗世的人，更值得歌颂吗？

未必吧。

刚刚提到的两位，一边参加party一边认真学习的姑娘，和一边混局一边升级事业的姑娘，都是我最欣赏的类型。

像是别人问你今晚要不要不醉不归，你答"好啊"，不摆手回拒，但也不放纵自己到烂醉，玩点热热闹闹的场面功夫，七八分醉意的时候，该打车回家就回家，喝点普洱，读两段小说，该睡就睡，第二天还得早起上班呢。

你别真的跟人家喝到三四点，醉倒了一片，手机掉进卡座沙发的缝隙，你忘了请假，一觉醒来，不知所谓，又是糟糕的一天。

你看，七八分醉意足够了，多了，人生就被和成了一摊稀泥。

最好的处世方式，不是强硬地拗出"不合群"的姿态，以展示你的伟大、忠诚、卓越，而是始终拎得清："我是谁？我要做什么？我该去哪儿？"表面圆融柔软，但心里泾渭分明。

看见有人谈李白和苏轼，讲李白是仙，到人间来渡一趟劫而已，他是真的潇洒，给官不好好做，去江边捞月亮，跟飞云干杯，他什么都不介意，他没有所望之处。

但苏轼就不同，他有为官的志向，屡屡受挫，依旧扎扎实实站在尘土里，不过对很多花花绿绿都看淡了，说它们"也无风雨也无晴"。

他也潇洒，但他的潇洒比李白差上一截，他平日颇有点两手一背游戏人间的意味，会写"春江水暖鸭先知"这样的诗，但你读到那句"老夫聊发少年狂"，你就知道了，他想要当什么样的人，他一直是记得住的。

李白是十二分的醉，苏轼就只有七八分的醉。

七八分的醉，真是再适合我们现代人不过了。在一桌又一桌聚餐、客套、真真假假的情分面前，彰显自己的清高或曰孤独，反而显得愚钝。

不如跟他们一起醉一回，但记得醒来。你自始至终都在人间，该吃茶便吃茶，该饮酒便饮酒，但你明白自己的归途，不随着别人，缓缓地沉下去。

所有开挂的人生，
都是厚积薄发

段位高的姑娘，才能活得更洒脱

最近我在追《欢乐颂》，偶尔会开弹幕，很惊讶，会在弹幕里看见无数条"讨厌曲筱绡"。

她是蛮任性的，在第一季也算是劣迹斑斑，娇气兮兮地勾搭邱莹莹的新对象，美其名曰"测试"，引来渣男上钩；樊胜美恨嫁心切，好不容易交到王柏川这样开宝马三系的男朋友，她就动歪脑筋，请人调查这辆车的前世今生，最后丝毫不给情面地拆穿：什么钻石王老五啊，这入门级的宝马车，都只是租来的。

她的为人很尖锐，偶尔像一把横穿的刀——任你安稳求和，她箭步赶来，痛快下手，血淋淋地劈开真相，让你观看。你若双手捂眼嫌太残忍，她便一根一根掰开你的手指头，让你睁大眼睛，跟无润色、无滤镜的真相面面相觑。

所以啊，很多人不喜欢她，在于她的直。因为丰厚的财力垫底，跟段位更低的人，她不太爱讲"情面"。"情面"对她来说，等同于糨糊的一层纸，没事戳一戳，戳破也心安理得，没关系。

可是越往后面看这部剧，我越喜欢她。

让我对她改观的第一点，是她对赵医生的追求。同样是事业女性，安迪在感情里谨言慎行，进三退一，万分收敛，大抵是工作使然，她对周遭的一切有很强的戒备心。

但曲筱绡不同，她一旦认定了爱上谁，哪怕是不苟言笑的赵医生，看似跟她这样的夜店咖八竿子打不着，也立马大大方方追。

我跟朋友讨论说，每次看到她横着性子撒娇，在赵医生面前像小猫一样求抱求吻，心里是很羡慕的。她敢这样软塌塌地，卸下所有防备去爱人，我觉得并非出于赵医生对她有多么宠溺，而是出于她对自己，非常自信。

像我们寻常女生喜欢上了谁，敢直截了当即追吗？不敢的，要暗搓搓地翻烂他的朋友圈微博，要猜他究竟喜欢哪一挂的，要悄悄打量下他最近点赞的几个女生的风格，这些地下工作都做完了，也未必有勇气冲上去跟他尬聊几句，再死皮赖脸，约饭约玩。

也是这样的自信，让她敢大言不惭地回答赵医生，我就是爱你的皮相啊，怎么了，为什么不可以？

多少女生敢这么洒脱地去爱啊。我们还没有真正被相爱本身折磨，就已经率先被陷入爱时的自卑、恐惧、患得患失所深深套牢。有脾气清清爽爽地甩掉这些情绪杂碎，心无旁骛地雀跃着，靠近白马王子——像

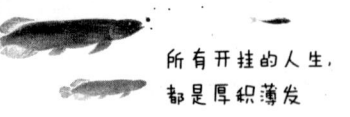
所有开挂的人生，
都是厚积薄发

这样的女生，真的很可贵了。

春节前夕，曲筱绡跟赵医生吵了架，分了手。

整个春节，赵医生朋友圈和微博的动态更新得热火朝天，但没有一次主动联系过她，她按下脾气主动打电话给他，结果他还关机。

曲筱绡当然也难过啊，但这样的难过，并没有影响她的生活。心里是失落的，可过日子时，还是该干吗干吗，前脚刚生气"赵医生怎么不理我"，后脚接到项目邮件，就风风火火出差谈工作，化悲痛为力量。

这让我想起我认识的一个姑娘，写公众号的，也是处在单恋的阶段，前两天跟我们一起吃饭，兴冲冲地讨论写作，饭后一起喝酒的时候，她一边活络气氛，一边联系助理排好了文章，其间还谈成了新的合作项目。

这么一个生机勃勃的小姑娘，只在宴席最后散场的时候，抓着手机，对着一个人的微信头像叹气，我问，小哥哥没有回你吗，她说没有的，他已经一整天没有回我信息了，一个标点符号都没有。

那时我特别佩服她。

我曾经也说过：不被爱情的起落影响生活秩序的姑娘，是非常了不起的。她们给自己搭建好了强硬的内心世界，不会被情场变故摧毁，不会被他人的疏离或背叛所重伤。她们当然也不是钢筋铁骨，也会暗自失落，但她们知道要及时收拾打点情绪，重整旗鼓，这样便不会被负面状态拖累过多。

曲筱绡也是这样的姑娘，要是喜欢的人晾着自己不理，要是周遭冷冷清清，干脆出国工作，当成散一次心。她面对生活，身段是非常柔软的。命运你哪怕只给我开一道小口子,透一丁点光进来,我也能想办法活色生香,野蛮生长。

这是任性,也是韧性。

但我也清楚,今天我所拎出来褒奖的这些品质,都不是空中楼阁。在它们背后是高高耸起的,经济基础。

像曲筱绡对待爱情,是觉悟很高的。她告诉邱莹莹"只以结婚为目的的恋爱太功利了"的时候,其实她自己心里是清楚的,之所以敢纯粹地为爱而爱,是因为她自认玩得起。她有钱,自信,是个年轻活泼又貌美的 CEO,她不怕跌落,就算跌落了,也有高高的资本护住她,为她垫底。

所以啊,为什么樊胜美、邱莹莹一流活不成曲筱绡,是自己段位实在太低,一个是 30 岁了在公司里捞不到油水的小职员,一个是心态蛮好但一无所长的咖啡厅服务员,没有任何贬低的意思,但一个发现是,人确实只有更优秀了,才敢"玩儿"得更开;面对风险和挫伤,他们丰厚的能力基底,使他们拥有更好的抵御方案。

所以才不怕啊,所以才敢高飞啊。

也许,与其说我喜欢曲筱绡,倒不如说我羡慕她。一个人想活到通透的境地,要么吃斋念佛,无欲无求,要么在声色犬马里尽情摸爬滚打,糖很多,苦也很多,但因为自身足够优秀,足够富有,对得到与失去,便不计较太多。

羡慕曲筱绡。想活成她,想活得潇潇洒洒,无所畏惧。

所有开挂的人生,
都是厚积薄发

人生的选择权,是要自己挣来的

前两天我跟闺密喝茶,主题很渺远,是讨论"有钱后的生活"。

我说我要溺死在包包和化妆品里,闺密很不屑道:"俗气。"

她说,等自己以后有钱了,要养一个小鲜肉。

就是那种——40岁的时候在游艇上穿着丝旗袍举着红酒杯,被几位年轻好看肌肉男簇拥的生活。

她振振有词道:"你不懂,老娘以后要主宰一切。想吃好的,随随便便进旋转餐厅;想穿好的,漂漂亮亮扫荡商场。但这不是最重要的,最重要的是有钱后我选男朋友就只看脸了。穷鬼哪敢只看脸啊?"

而后我喝了一口冰茶,戚戚地说:"好啦,我可能会继续当20年的穷鬼吧。"

但我欣赏闺密的霸气。

之前不知从哪儿听到一句话，是对处事很棒、为人很拿捏的姑娘说的——你这么懂事，一定没人疼吧？

这种说法怎么讲呢？很让人动情，对吧？但转头一想，还是暗含另一层意思——女生是出去闯世界了才会开始懂事，要是有人替她遮天，她就胡闹成妖魔鬼怪，才不会这么待人好看。

我也信过这句话。但后来怎么听都觉得，很否定女性的价值。

从前多少年来女性都没有选择对象的权利，于是你会发现男性对女性的要求出奇的高，要窈窕、贤淑、清白、笑不露齿、细腰一掐就断，要美，如新月生晕、花树堆雪。

甚至男生出轨了，还有无知女性紧接着反省自己："是因为我身材走样了吗？是因为皮肤被油烟熏黄了吗？是因为我不注意打扮了吗？"

被欣赏和被疼爱是好运，但终究是种被动。这种被动，是因为一些姑娘缺乏安身立命的自觉。

用容貌讨异性欢心，是上帝漏给女性的油水；但若女性的人生只能通过异性的欢心来维持，难免摇摇欲坠。

男性呢，倘若掌握了经济大权，通常就放任自己的啤酒肚肆无忌惮地泄出来，转头依然对着年轻脸孔指点江山。

如果女性自己没有本事，当然得咽下一肚子的小念头、小想法，顺着他的性子来。他喜欢 A4 腰，你就得瘦成纸片人；他喜欢大眼睛，你最好抓紧拉个双眼皮。

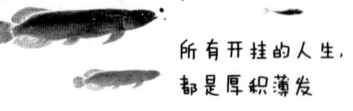
所有开挂的人生，
都是厚积薄发

蛮可悲的。不想活成这样。

我在一些奢侈品商场里，会时不时地看见跟我差不多年纪的小姑娘，白净娇嫩，依偎着一位40出头的普通长相男士，手里挎着时新的大牌包。

最记忆犹新的是在徐家汇一家饭店看到的一对，小姑娘真是非常好看，可她在比自己大20岁的"男朋友"面前，连自己喜欢的菜都不敢点。男人驳回说，"我不想点那×××和×××，太辣。"她也就瘪着嘴答应，"好吧，那我不吃。"

猜得出来她是很想吃辣的。

所谓拿人手短，吃人嘴软。把人生交到另一个人手上，寄希望于他对你真心不灭，看似坐享其成，安逸得很，其实危如累卵。

主动权不在自己这边的人生，是很可怕的。

优秀的女生才能选，我要包还是口红，香水还是衣服，要成熟稳重的大叔，还是生机蓬勃的鲜肉。

选择人鱼线、选择腹肌，选择眉眼最深邃、笑容最美的那一个，大大方方谈不计较的恋爱，心跳在胸腔里清晰作响，而不是悄悄算计着，怎么套出对方的银行卡余额。

朋友跟我说，并没有追过星，但有一次看杨幂的采访，很是服气。记者问她，你给父母买房子会和刘恺威商量吗？

杨幂很轻松地说，"不啊，反正我买得起。"

在一部分姑娘不得不为了面包，不去顾及"好看"这种不实用的标准时，我就想，能做一个本身强大到担得起风险，人生被资历基础托举着、摆满备选项的姑娘，多幸运啊。

看民国女作家生平史，我对萧红坎坷的情史最有印象。里面讲她和萧军的恋情，萧红被"前夫"汪恩甲抛弃、最为窘迫的时候，遇到了萧军。

萧军多次接济萧红，照料她，替她安顿生活——是诚挚地爱着萧红没错，但萧红自己感觉太卑微，只敢把他当恩人。有一处细节是，萧红和萧军一起外出时，她甚至不敢跟萧军并排走，只敢亦步亦趋，跟在他的后面。

女性不自强，弯着腰走路，自然只能活在男性的荫庇下。

放在今天，哪里还敢要求对方"干净、整洁、阳光、好看"？

我之前采访过一个淘宝店主，聊天时她大言不惭地说："我就是要找长得帅的啊，反正我自己能挣钱。"听起来"猖狂"得有点过分，但细细一想，这得有多大的底气，便不得不生出一丝佩服。

人生的选择权，是要自己挣来的。

女生要更优秀一点，才敢在择偶时说，我要找个好看、身材 hot，或者幽默、会玩等特质并不"实用"的男生，他们能带给你灵魂契合度更高的亲密关系，而不是我要找个工资多少以上、有多少钱的车、多少年内升职加薪的男生哦——这样将将就就的搭伙过日子，和随手团购有什么区别？

所有开挂的人生,
都是厚积薄发

人生要会"抓",也要会"放"

我近来的日程颇叫人疲惫。

因为执意开办了新的公众号,踏足美妆领域,又是刚上手,工作量比预想中要大。已有的公众号也是放不下的,两个号并行的时候,难免应接不暇。

白天忙完杂东杂西的,晚上 8 点到 12 点,我没有一分钟可以离开电脑。除了准备推送还有其他的要紧事,一些必须核对和签署的文件、合同,一些亟待精确与完善的表格,一些跟不同甲方的日程安排及协调。

而我又是那种吃力的、总是希望经手的工作与自己的计划严丝合缝的人,几乎所有助理的工作,最后一步都是交由我审核,文章、协议、排版,甚至图片的生杀大权,都在我。

所以常不乏这样的时刻:在已经逼近 deadline 的关口,我会毫无意外发现内容的一些瑕疵，会跟助理们大眼对着小眼，一项一项修改更新。这是耗时的，我得跟几人争分夺秒沟通，大气都不敢喘。

几周过后，我就跟朋友摊牌说，受不了，太累。

那时我跟他站在初秋的街沿，我怕冷，十月底未到就披上了羊毛呢大衣。朋友漫不经心喝着美式咖啡说，其实你可以放过一些瑕疵，做公众号没有像你一样做得汗毛紧竖的。你不能要求你的助理们，怎么讲呢，就是连用到的每一个标点符号都让你满意。

"……但我给他们开很高的工资了，他们理应达到我的要求，让我满意啊。"我轻轻啜了口咖啡，眼皮垂下来。

"我觉得你也是那种，什么都想掌控在手里的人吧。"他笑着看我。

紧接着又说："可是有些东西，你握得太死、太急、太使劲，反而会以另一种方式失去它。"

一阵风刮过，他扯出一个长长的哈欠道："就像手上的这杯咖啡，太松了握不住，可太使劲了，又会从你掌心里喷出来。"

说这话的朋友叫 Neil，也曾是个拼命三郎。

两年前我们周末晚上聚餐，他是背着电脑来的，吃到一半，众人兴致正高，他猛然抛了一句——"对不起，我能用下电脑吗？"

我们都说 OK 啦，可以用，他便从背包里掏出一台笔记本，一边开工作微信一边开 Excel。当晚那桌最美味的，当数应季的醉蟹，他一眼也没瞟过，发小电报一样专注地跟 team 里的人发语音。

那时 Neil 刚进公司，20 出头，不像现在，精气神像被人割下来，

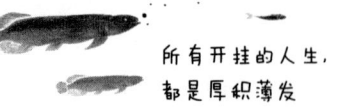
所有开挂的人生，
都是厚积薄发

矮了一截。那时他希望自己把什么都做好，哪怕是不知从哪里凑过来的任务。他这是老毛病，实习的时候 leader 叫他去买咖啡，只说"买一杯拿铁"，他忘了问要什么温度、杯型，加不加奶油，只能瞎买，回去的路上反思自己很久。

而他正职公司所在的这个小组，又恰好有个非常抓马的男生，专业底子极差，只会吹嘘，卡了他们很久的进度。这个报告最后还得由他上交，我朋友提出要检查，被他打发回去说"我自己会检查的"。

但他完成得很潦草，整个小组自然在部门里被公开批评，其实全因为抓马的那位拖后腿——他的 part 里资料来源和时间贴得乱七八糟，甚至专业名词都错了好几个——可受罚的人是被捆在一起的。

Neil 一想着自己也会被别的部门的同事认为"做出来的报告太差"，就觉得简直要过不下去了。

我问："那你从什么时候开始……不在乎这些细节了呢？"

他说："当我发现我不管怎么努力，也永远不能掌控全部的生活的时候。完美主义是一定会被磨平的，这个世界无法完美。"

后来 Neil 慢慢学会只把核心工作尽量做到最好。其他边缘工作，如果是交给别人，或者比重不多，难免会有些瑕疵，甚至错误，他试着不去在意了。

现在他自己创业，做新媒体，同时经营很多个公众号，招了写手和编辑，写手难免有写得颠颠倒倒的时候，编辑排版也难免出些滑稽的乌龙，而这些都是，无论提前查多少次都不敢保证 100% 避免的。

"我不想管这么多了。我把能做好的做好就行,其他的随它去。"

——对啊,人存于世,会"抓"还不够,要有一点点"放"的智慧。

处处抓得太吃力的人生,面目容易狰狞。工作当然需要精进,但什么都想要做到最好,反而成了一种牢笼。若是耕耘一片田地的甜美,因了一根腐坏的菜叶就被收回,多么不值。

小时候学书法,那位书法老师说,你总是握笔握得太大力了,而且你总是想要把每一笔都写到最好,但正因为你这样想,你才会写不好。

现在想来还蛮有点哲学意味。一个字要有的是行云流水的气度,它不是一毫米一毫米挪出来的,是利落的一厘米飞倾而下,像一匹瀑布,到地方了,降落就是了。

就像我们的人生,本也不需要因为滴水不漏的完满才珍贵。水滴四溅的瀑布,难道不更有随性美感?

我比寻常的学生要操心更多的事情,也有更多犯错的"机会"。当我掉进人生缝隙,那些"不完美"的桎梏里时,我会尝试告诉自己,不如躺一会儿再出去,别急着铲平。

人越长大,负重越沉,不如意之事十有八九,能在多数时间里保持心平气和,不是宽容,而是一种懂得。

懂得我只能对自己负责,以自己为圆心,画一个圈,圈内的东西,自省,自立,是我可以把控的;圈外的东西,但凡涉及诸多难以照顾的因素,就不抱特别大的希望了。

人生如航海,掌舵的人是自己时,我只输给风。若不是自己,我

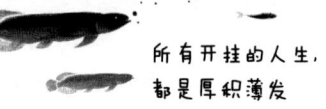

要上交很大一部分给命运,对它恭恭敬敬说一句:

"任君处置。"

什么是成熟?成熟正是一个承认并接受,自己只能在有限范围内操纵人生的过程。

Chapter 2 / 人生要脱胎换骨，只靠一张脸是不够的

我们的过去中，隐藏着未来的密码

一件很糗的事，是我前两天刚刚写完一篇回忆高中生活的文章，转头闺密就往群里甩了一个链接，叫什么"90后衰老的十大征兆"，点开看，第一条就是"这人啊上了年纪，就喜欢回忆过往"。

气得我赶紧反驳道："老娘才二十出头，衰老个屁。"

但后来想想，何谓衰老，似乎也不必局限于年龄。

人在走过一段路后频频回望，必定有些老成心态。年轻时候才有"春风得意马蹄疾，一日看尽长安花"；年纪大了些都是"柴门闻犬吠，风雪夜归人"，对每日更迭的繁华厌倦了，想逃回去瑟瑟缩缩地敲开一扇陈旧的门，进屋温一盏老茶。

像我在大学谈恋爱的时候，也不是不自由，财务上、精神上，早都准备就绪，敞开戒备便是了。但我不知怎的，越来越怀念高中时期

101

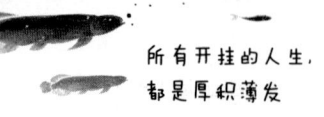
所有开挂的人生,
都是厚积薄发

的青涩。

后来经过高中的教室门旁,我都会遐想一阵,如果我是窗中人会怎样呢?当然不想用万有引力公式研究一颗地球有多重,满脑子不过憧憬着跟后排靠右第二个的好看男孩子打闹。他衣服不认真穿,但脸蛋那么鲜嫩,好像在说:看到我了吗?知道你喜欢我了,OK,青春只能浪费在我这里。

所以你会战战兢兢地找他问题,或者给他讲题,都不敢直视他,去体育课的路上跟一群小姐妹叽叽喳喳走在他后面两三米就够开心了,笑声得意忘形的时候,他还会转头,嘴张成"O"形说:注意形象,好不好?

过了20岁谈恋爱,好玩是好玩,哪儿都能去,一张机票钱又不是出不起,酒店能住最好的,一间房70平方米,后院有精心设计的花园,晚上还能仔仔细细化上扎眼的浓妆出门,穿小吊带蹦蹦跳跳地走在他旁边,点两瓶冰啤,不夜不归,哪天分手更一气呵成,社交网站全拉黑,他在你心里一秒钟就跌进了太平洋,可不知怎的,轰轰烈烈不是不好,但确实欠了点意思。

人在活得"放开"过后,会怀念收敛的时日。

不止恋爱。不知何时起,参加的饭局,再没什么关于"伟大前程"的探讨了,全是"追忆往昔",当年谁谁谁跟谁谁谁,在哪个平台写小说,可惜后来那平台倒了;当年谁谁谁跟谁谁谁,创业创得高低不定,握紧拳头多熬了几百天,竟然等到了A轮融资。

我们20岁出头,却活得越来越像上了年纪的阿姨辈,胳膊肘上拎了个菜篮子，逢人就搭手问话，"哎，你家那孩子前几年不才那么一丢丢高，现在都这么壮了"——阿姨辈们在两件事上活得分外精细，一是生活开销，二就是时间，总要认认真真掂量过去是什么样子，好似生怕自己忘了。

奇怪了，明明是上了年纪的人生才会更圆满，年轻时最多有情饮水饱，缺钱，缺名，缺地位，什么都缺。

但在后来什么都不缺了的风平浪静中，在海的正中央，我们偏偏怀念起了驾一叶孤舟莽撞离港的那天。

我有时候也困惑，一个人和他的过去，究竟是什么关系呢？"如今"与"曾经"，有着怎样的渲染、交错、互文、辉映，才让一个人的一生犹如一幅长画，郑重地绵延了下去？

要知道，有人痛恨过去，弃之如渣滓；有人却留恋过去，爱之如信仰。

贾樟柯导演的《山河故人》里的沈涛，一个从20世纪90年代成长起来的平凡女性，念了一辈子的旧：她收藏着老友家门的钥匙，惦记着老友的归宿；她坚持留在了自己所出生的小镇，尽管丈夫飞去了上海；她年复一年听同一首歌，听到自己垂垂老去；她一贯讨厌儿子唤她"妈咪"，满口异乡的陌生。

她过得不太好吗？并非。至少财富上，盆满钵满。

有时候我也觉得，一个人念旧，未必是如今过得潦倒。恰恰相反，在一个人更加圆满后，他反而对过往，生起了更多的怀想。

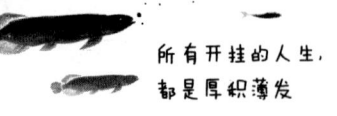
所有开挂的人生，
都是厚积薄发

因为一个人更加圆满后，才更加明白，关于自己从前是怎样走过来的，万万不能忘。

"过去"在这个时代，沦落为有些廉价的摆设。对别人的过去斤斤计较，算是没气量；对自己的过去历历在目，又有些颓唐。我们都告诉自己，不能再怀念过去了，过好当下才能姿态漂亮不是？这个世界更偏爱生机勃发的利己主义者们，它容得下很多个万丈豪情的盖茨比，容得下很多个一腔虚荣的包法利夫人，但容不下很多个沈涛，所有的沈涛，最后都走向孤独。

因为自己从18岁后就开始了大量写作，写作本是一项自我记录与反刍的任务，所以我对自己的过去，是再明晰不过。

我删过很多次朋友圈，出于各种各样的原因，诸如不愿让大家看见我大惊小怪的样子、惊慌失措的样子、心灰意冷的样子……我把它们delete得干干净净，仿佛它们从未存在过，但我知道的，它们存在过。

真真实实地存在过。

所以我比其他同龄人更多地回忆过去，怎么开始写作的，第一次写出了好文章是在什么时候，有过哪些偏激的观点，甚至从前怎样地介意过风言风语，我都记得清清楚楚。

我不觉得这只是一种情绪陶醉，因为我认为在过去中，也隐藏着我们未来的密码。我们过去走了哪些弯路，犯了哪些错误，添了哪些遗憾，有什么可规避、可修缮、可借鉴之处，都值得端看。

人生这么难，我们当然得打起精神，高歌猛进，但与此同时，不断回头望一望,也是必要的。

一个没有过去的人是海面上的一张白纸,摇摇晃晃,立不住的。一个对过去没有敬畏之心的人,也将浪费他的余生。

要知道,归途有一半,也正在你的来路中。

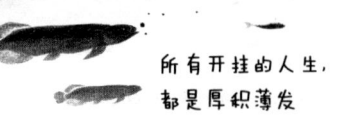

所有开挂的人生,
都是厚积薄发

人生要脱胎换骨,只靠一张脸是不够的

我在微博上不知何处见到过这样一句话:

"优秀没用,你得漂亮。"

自以为这不过是随手一侃罢了,没承想撞见评论区里一拨又一拨认真应和的观众:

——这是对的,你以为恋爱看人品看学历看性格吗?错,只看脸。
——朋友圈里一很漂亮的姑娘前阵子被导演挖去片场了,听说正在办退学,直接从二本走上人生巅峰,一张丑陋的脸不知会让你失去多少机会。
——反正我周围长得好看的,都是男生排队让她们挑,嫁个富二代真不是难事,一嫁就别墅跑车,哪像我们哦,还需要从月薪 3000 开始苦苦往上爬。

诚然,漂亮是好事,但我很不理解,漂亮真的就这么重要,重要到仅仅凭一张漂亮的脸蛋,人生便"唰"的一声,改头换面,或者指数上升?

让我们来仔细理一理。

为什么那么多人觉得"漂亮太重要了"?不过是被个例蒙蔽了眼睛。著名一点儿的,章泽天嫁给了知名企业家刘强东;中等的,谁谁谁因为外貌好,跟富二代公子哥在一起了;或者具体一点,身边那个最漂亮的女同学的追求者不断,节假日鲜花口红收不尽,挑备胎跟你挑眼影色号似的,一字排开,尽情筛选。

凭"漂亮"完成镀金的人生当然有,并且不少,这些令人瞠目的情节都是真的,不是预演,但为此跳脚的人们,有两个核心事实没有看到:

一、她们只是个例,还有更多的漂亮姑娘,依然过着按部就班的平庸人生;

二、她们作为脱颖而出的个例,能把"脸蛋"这张牌打好,就足以证明,她们不止"脸蛋"这一张王牌。

漂亮有用吗?有用的。但想要人生脱胎换骨,一张脸是不够的。

我认识一姑娘,从小就漂亮。浑然天成的漂亮,除了岁月,谁也夺不走。

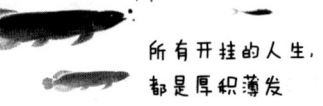
所有开挂的人生，
都是厚积薄发

美貌给她带来了什么？让我想想。初中的时候，美貌带来的，是一群不学无术的差生围着她打转，当然她的青春比我的丰盈，有情书，有暧昧，有第一次牵手与相拥，不过这也让她没有办法安安然然地读书，成绩一滑再滑。

高中的时候，她自然掉进了年级末尾的班，没有分秒必争的学习环境，只学会了怎么卷发和穿衣，高考的时候美貌更没帮忙，她去了三本。

大学的时候，美貌终于是可以大大方方张扬的东西了，她越来越好看，宿舍楼下不少豪车停着来接楼上的姑娘，她是其中一个，但约会上床后还剩什么呢，冲对方撒撒娇能换几个 Celine，或者 Dior，识相的都懂，多的没有了。总之她毕业的时候，回归了单身。

她最后嫁了谁我不知道，听说回了家乡坐银行柜台，对小城市的人来说算是个满分的工作，每天一点点工资倒也开心，反正没什么存钱的压力，挣多少用多少。

——脸蛋除了为她的情史添了几笔外，没给她多带来点什么。

那些觉得"因为长得好看就能嫁富二代"的人……怎么讲呢，是当富二代们蠢吗？女生一张脸管它多惊为天人，30 岁过后还不是不断枯萎，就算要维护，成本也会不断攀高，既然如此富二代们为什么不随便跟漂亮女生们谈恋爱玩玩，到时间了找个门当户对的大家闺秀结婚呢？别人有学历，有能力，有背景，说不定最后还能在事业上辅佐他们，谁要抱着花瓶过一辈子哦？漂亮女生们最应该知道的，是很多有钱人对漂亮女生不过是个采摘枝头俏的态度，要真以为能靠脸突围，就有些傻气了。

所以很多时候，美貌只能给一个女生带来小恩小惠，比如孜孜不倦的追求者，比如一些"看你漂亮给你打折"的蝇头小利，当不得真。看过一句话，想要挤进更高一阶的世界，美貌只是一块敲门砖，一张入场券，仅此而已。

一朵陋室明娟光靠美艳就能打出一片天下的时代，早过去了。

或者说，它从来只存活于荧屏中，不是现实中。

诚然，当代确有一些因为美貌而人生加速的案例。

尤其网红经济时代，美貌的出场更显得隆重些，也更夺目，我们发现越来越多的漂亮姑娘，不光光是开店卖卖衣服而已，她们走向了颁奖礼、时尚 party，或者去大牌发布会看秀，甚至去严肃的经济行业会议上做全英文演讲。

但，凡人们要是觉得"一切不过出于漂亮"，难免是狭隘了。对，因为漂亮，她们有了人气，有了开店的资本，才有接下来的一系列——但很多人没看到的是，网红店那么多，竞争那么激烈，她们靠什么留下来继续叱咤风云？靠脸吗？不是的，是眼光，是投资，是运营，是一年365天恨不能一天不休地拼命。

美貌不过薄薄一张纸，怎么用它，需要的还是脑子。

或者说，常年锻造的个人能力。

我极不赞成所有的"美貌决定论"，像是"善良没用，你得漂亮"，像是"优秀没用，你得漂亮"。喊出这样的口号之后，一溜烟化妆、整容、开眼角垫鼻子、往脸上糊 CPB，就能走上人生巅峰了？还是你要

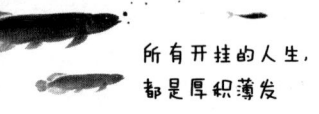

把所有实现人生跨越的年轻女性归为"不过出卖一张脸而已",然后继续心安理得地蜷缩在角落里,放任自己懒、笨、不求上进,直至终于成为 loser？

事实不是"优秀没用,你得漂亮",而是反过来的"漂亮没用,你得优秀"。

我无意批评谁,只是想说,对普通人而言漂亮的确很好,但它不可能是核心竞争力,你又不进娱乐圈,是吧？脸没那么重要,重要的是认清自己,以及认清别人的成功是怎么回事。别动不动就觉得,噢,那个谁依靠一张脸赢得了全世界,而我不行,因为爹妈没给一张好脸,我这辈子就这样了,注定的,我没办法。

这样不是太可悲了吗？

Chapter 2 / 人生要脱胎换骨，只靠一张脸是不够的

你买的是包包，不是神灵

想起这么一件事。

在我生活费还只有 2000 的时候，曾经大手笔地买了一只 800 块的包。

别笑我，800 块对那个时候的我……算是很多了。一个流苏小包，chic 又精致，咬牙买得很开心：女孩子嘛，生平最大的奖励，就是把美好攥在手里。

背了这个包一个月后，我又走路生风地背着它去和朋友吃了一顿火锅，很不幸，溅油了。

我在洗手间用清洗液不断擦拭污渍的时候，一位背着 Gucci 的白领斜眼看了下我，轻描淡写道："没有用了，你那个材质的包，沾油就洗不掉。"

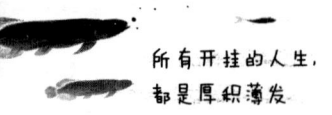

于是我背着那个脏掉的包,很丧气地回到欢快热烈的饭桌上。朋友们巧舌如簧的对白,我一句都听不进去,很想哭。

因为实在是太心疼了。

时间来到两年后,我想着自己也快读研究生了,准备买个 Gucci。我问陈先生,虽然我收入也不低了,可我觉得对我来说还是很贵,到底要不要买呢?

陈先生的回答,让我印象非常深刻:

"如果这个包溅油了,你不会特别心疼,那你就买。否则,你还不能称为'买得起',你只是'凑得起'。"

是啊,如果你买一个奢牌包,但在心态上不能把它摆正为单纯的一个包,而是当神灵一样供奉着,雨不敢淋,油不敢滴,别人稍微多蹭两下,你都怕沾灰——那很遗憾,你还用不起它。

即使你透支了信用卡,在专柜买回最热款,赚足欣羡眼神,你依然是用不起的。

真正的"用得起",是撇开天大的奢侈品噱头,觉得它不过平平无奇一个包,一个包而已,容纳不下你那样多的攀比心。

你是带着它去打天下的,它只应该是你的附庸,而不应充当你繁荣表象的门面。

一位读者说,她也曾经在工作后花掉一个月的工资买轻奢包,因为是下了大决心才买的,平时压根不敢用,怕刮破,怕落旧。

好不容易背着跟同事去聚一次餐,就是寻常的小馆子,座位有些拥挤，同事帮她把包挂在椅子边儿上，她也全程提心吊胆的，怕它掉到满是油渍和脚印的地面儿上。

所以她说，用了两次后觉得，不是她在背这个包，而是这个包在背她。

人类对待踮起脚尖才够到的宝贝，比如花几个月的工资买了大牌，一定是不敢天天拎出去风吹日晒的，若是不慎伤到了分毫，你定也无比痛心疾首。

因为这种包并不属于你，你用三个月工资买下它时，并不能拥有它。你不把它过度拔高，能带着它买菜，不扭捏作态，也不心疼正常的折损时，才能真正拥有它。

你现在年轻，迫不及待想在上流社会分一杯羹，正常。但着急就不可取，比如5000块一个月的工资，便想着省吃俭用两个月买个低配香奈儿，这当然是个人自由，可是我总想问一句：何必呢？其实归根结底，只是一个包而已啊。

等你收入富足了，自然不会买得这么辛苦。

到那时，一个包就回归为一个包，哪有你从前想象的那么神圣？

朋友圈里有个姑娘，蛮有意思。其实家境应该不差，有那么一两个奢牌包，日子过得也滋润，本来蛮让人羡慕的，但就是总爱变着花样晒那两个奢牌包，反复晒，不停晒，大方地晒，也隐晦地晒，拍什么生活照都必须要露出logo。

久而久之，我们对她的印象反而都不太好。

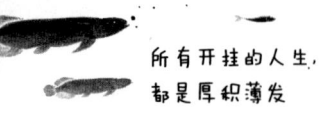
所有开挂的人生，
都是厚积薄发

好端端的姑娘，正处在黄金年龄，提升自我价值的方式有千万种，为什么就非要用大牌 logo 给自尊加码呢？

奢侈品更为大气磅礴，廉价货或许粗糙平庸，但它也并不能跟一个人的贫瘠或富足画等号。让包们的一纸价签和生活层级联系起来的，也仅仅是你的虚荣心。

最近我才懂：对待物质真正的征服，是不从它的身上，汲取过多莫须有的附加意义。

我最佩服的一位女模特，米兰达·可儿，出街时手里的爱马仕塞得鼓鼓当当的，全是笨重的婴儿用品，她一点都不会觉得有何不妥。包嘛，本来就是装东西的而已，再稍微长好看点，它的使命就已经完成了。

希望你有朝一日，也能修炼出这样通达坦率的心气——背两万块的包时，不觉得自己高人一等；背两百块的包时，也不因此自惭形秽。

你的言谈、形态、学识，这些长期滋养的内在品质，才能真正代表你。一个心灵澄澈、秩序井然的人，不会把物质上的优渥美满看得过重。他们能从自我本身挖掘出源源不断的原生价值，他们不需要通过拜物，即可向上攀高。

说到底，三位数的包，并不能代表你廉价；五位数的包，也不能代表你高贵。

让你高贵起来的，是聪慧的头脑、开阔的眼界、慈悲的内心，是这些从里到外都恒久隽永的闪光点，而不是价签啊。

Chapter 3
人并不是一开始就成熟的

你怎么这么不成熟

——"女朋友不成熟怎么办?"

私信里出现这个问题,恍以为是我家陈先生问的。

作为时不时就想撒泼耍浑无恶不作的惹人烦选手,"端庄"和"得体"这种形容词,贴在我身上,我都巴不得立刻抖落下来,谁爱捡谁捡。

我劣迹斑斑,比如:

跟朋友去三亚,会穿着泳衣在镜子面前唠叨半个小时"老娘身材真好",出发后趁路上没人,戴耳机听电音,扭作一团。

下楼逗猫,一边盯着它一边嫌弃它胖,冲它纠结的坐姿谈十分钟的知心话。

受到委屈后,一定要给至少十个好友倾吐,牢骚一直发到稍微心平气和为止。

Chapter 3 / 人并不是一开始就成熟的

自恋、神经质、大惊小怪——通通与成熟背道而驰。

之前我跟陈先生也因为这件事发生过争执。他质疑我为何不成熟，为何表现时常回归毛头小孩子，我一点不怯，答得铿锵有力：

"你不在的时候我每天绞尽脑汁地工作，写字、忙文章授权、联系助理、签订合同，没有谁觉得我有半点的幼稚、夸张、无理取闹。"

"我在别人面前，把自己集合成一支队伍；唯独你出现时，我想散成一摊柔软的泥沙，只被你捧起。"

之前我看感情帖，女主被男主责令去堕胎，央求男主陪伴，男主只冷冷回一句：我有很多事要忙呢，你怎么这么不成熟？

闺密也跟我说，和某一任男朋友分开的原因，是男生一味怪罪她不成熟。下雨天孤零零的，她打电话给他求助，只听到对方冷淡的一句："你都多大的人了，出门不看天气预报？我不过来了，你自己想办法。"

可女生们并不是硬气不起来的软蛋。她们要真硬气起来，谁都不会输。

在爱里，我们人类的本性，不是昂起头争个输或赢，而是——不想成熟，逃离成熟。爱不是树立伟大人格，恰恰相反，爱是丢盔弃甲。

在我遇见你之前的那么多年里，人后流泪，人前端庄，千斤重的心碎砸下来也自己担。我绷了这么久的体面与好看，不是为了刀枪不入，是为了等待一个人，有朝一日，收留我所有的软弱。

如果你不愿意当那个人，我倒不如孤身，潇洒自在。

所有开挂的人生，
都是厚积薄发

我认识一个算是 drama queen 的学姐，从前信奉相爱要熠熠生辉，交的男朋友必须是餐桌上的焦点，像拿得出手的通勤包，要明眸皓齿，碰杯谈笑，风光无二。

有人说她"谈恋爱是谈给别人看的"，她倒也大大方方认同，不否定。

后来她在外实习租房，跟加班的日子杠上，朋友圈总是凌晨才有力气更新，没人陪她发几句牢骚、红几次鼻子。加薪的压力顶在头上，过上一个完整的 48 小时周末都甚是奢侈。

我再次见到她新男朋友时，感觉这一个远远不算亮眼，跟以往的风格大不同。

我悄悄问她，她以过来人口吻讲，"你不懂"。

"以前我希望相爱是展览出来的金子，要所有人为之欢欣鼓掌，但现在觉得，不该是这样的。现在我只希望，在我白天蹬六厘米高跟奔写字楼过后，晚上有个人接受我邋邋遢遢躺在床上，满脸痘印，头发上别着小夹子、黑框镜，掉一地的薯片渣，拉着他看最幼稚、最狗血的电视剧，为最无聊的段子发笑。偶尔哭，偶尔闹，偶尔瘫成一只鼻涕虫。"

就想跟相爱的人，彼此羁绊，制造麻烦，我在你身前卸下所有光芒与防备，你还觉得如此落魄、低下的我，是你掌心里的陋室明娟。

成年人的世界里，大家都把表面功夫做得漂亮。我认识的很多朋友便是，万箭穿心也坚持化全套的妆见人，哪怕下楼拿外卖，但眼泪只躲进万籁俱寂的深夜。

看着她们活得如此艰辛，我反而觉得，最好的爱情未必需要多惊天动地了,只要你将我从陷身的泥地里捡拾起来,或者干脆直截了当陪我瘫一会儿,不是指望我,一秒不停地、高速不歇地运转。

长大以后,爱一个人的表现,是向他袒露真实。

哪怕真实其实就等于不完美。

我怎么这么不成熟?我怎么把高跟鞋脱下了,说话词不达意,笑容醉醺醺,眼泪说流就流?

那是因为,我希望你愿意接受完整的我。

在无关紧要的人面前,其实我向来自律严格、修辞准确、循规蹈矩、生怕伤害他人,良善、妥帖、温和。

只是在你身边啊,我想把一些感性、一些情绪、一些无法消化的坏都摊开来,今夜我们痛哭失声,明朝继续赶路,向着光亮,储备坚强,试图永不疲惫。

八月长安写过,就像狗狗面对最信任的人,总亮出柔软的肚皮,任君踩踏。

如果你需要我每时每刻都成熟,那抱歉,你不是我要找的那一个。

所有开挂的人生,
都是厚积薄发

我们为什么都活成了自己的反面模样

我每次看《欢乐颂》里的关关,都觉得,她非常像我。

她乖巧、听话,一向良善地劝慰身边人,帮她们渡过难关,无忌无妒;在高强度的工作中,她也是颗绝佳好用的螺丝钉——她的性格,似一块儿软塌的海绵,能于摁压之后,顽强地恢复原形。

只是近来我才发现,她是一块浸水的海绵,外表看上去温暾干燥,其实心里有片大海。

这片海水,在遇到谢童后,轰轰然倾泻能量。只为了这个乐队里落魄飘零的男孩子,她前所未有地跟父母闹翻,跟朋友闹翻,一意孤行,盲目偏执。

我认识的一个从小便是不良少女、高中谈过无数次恋爱的小姑娘,跟我一起看《欢乐颂》的时候,嗑着瓜子,瘪着嘴,冲我说,关关怎么可能这样呢？像你们这样的乖乖女，不是该喜欢三好生的吗？

我笑了。我说，不是，真不是。

我在 17 岁的时候，喜欢过一个一米八七高高瘦瘦的男生。他很聪明，但不学无术，抽烟，烟瘾很大，拼酒，打架，都快高考了，寒假里还是每天打球、混网吧。我喜欢他到什么程度？听到他说家里没人管他，他饿了，我都能立马撒谎出门，专程给他送饭。

但现在想来，我为什么喜欢他呢，大概是作为循规蹈矩惯了的女孩子，看多了家长眼中荣誉齐身的五好青年们，会觉得有股子清清淡淡的痞气的男孩子，其实是迷人的，像是大人们不让我们碰的鸡尾酒，好看，危险，明晃晃地伫立在夜里，你越不去想它，它越散发着禁忌的香气。

我大学里有一个蛮好的朋友，我认识她时，她的男朋友一个接一个地换，不是玩弄感情，就是很干脆地全情投入，不合适就甩。她去很多 live house（室内演出），跟朋友们在天台通宵喝酒，对骰子和一众酒桌游戏的花样了如指掌。蹦迪的时候我坐她旁边，会觉得她很像青春小说里金光闪闪的女主角，而我，一个扫兴的好学生罢了。

直至偶然一次看见她的相框，看见她高考结束时 18 岁的模样，不敢置信。

她戴着一副厚重的圆眼镜，大额头，穿松垮垮的运动装，重点是全身上下咄咄逼人的"年级前三的好学生"气息，像是才刚刚从书卷里被拎出来。

她说，其实高中就想使坏了，可是没办法，得考好大学啊，所以

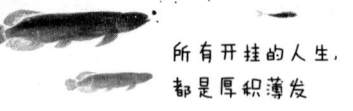
所有开挂的人生，
都是厚积薄发

这些心愿，都推迟到大学这几年，压力稍稍轻松的这几年完成。

——从前我们唯唯诺诺，背负着他人的期望，只活出了人生的 A 面，现在是翻山越岭，铁了心地，想翻开 B 面的景致，一览究竟。

我曾经跟一个三好生聊天，这是一位在她们院系里雷打不动的前五名。我问她大学最大的遗憾，她说她最大的遗憾，是没能当成"坏"女孩。

"其实很想纵情恣肆、张扬大胆地活一场，染发，染绿色白色粉色紫色；文身，把喜欢的歌词文到背脊骨右侧；去听 DJ 打碟，在人群中摇头晃脑，认识很多狐朋狗友，跟他们一起熬夜、露营、围着篝火等天亮。"

我说，你在自习室里泡掉了大学四年，拿奖学金都拿到手软了，顶着乖乖女的名号活了这么久，再想坏起来，人生是要大换血，再蜕掉一层皮的。

有时候，为了前程，为了生计，我们不得不暗自把心里那朵名叫"坏"的火焰，不动声色地掐灭。

但无可否认，它确实是曾经燃烧过的。

谁不想把青春过成热烈美好的电影呢？谁没曾想登山赏雪，跳伞潜海，跟一个好看的恋人惊天动地相爱一场，雨中接吻，再共赴夕阳，不计成本与代价，不听外界的唏嘘或劝阻，单纯为自己忽上忽下的心跳，去活一场？

遗憾的是，我们啊，并没有自己想象中那般坚定，对于自己所想要的生活，不敢径直去追求。

一个蛮有趣的现象，是我们很多人，渐渐地都活成了自己曾经的模样的反面。

从前闯天闯地、颇为出格的姑娘，后来或许规矩做人了，甘于当一个平凡家庭主妇；从前为了表现得"乖巧"而畏首畏尾的姑娘，后来反而想大伸拳脚地任性几次，叛逆几次。

其实人的成长，都逃不开补偿性心理。弗朗索瓦丝·萨冈说过："所有漂泊的人生都梦想着平静、童年、杜鹃花，正如所有平静的人生都幻想着伏特加、乐队和醉生梦死。"

从前我不坚定，不敢追求，现在我从累积的人生经验里，借来了一点胆魄，想要填平从前的懦弱，坦坦荡荡走那条从前向来不敢走的路，像是每一个关关这样的姑娘，其实都渴望被一个像谢童这样经历坎坷、四处漂泊、满富浪漫色彩与烟火气息的少年喜欢；每一个书卷里长大的乖乖女，其实都渴望过扔掉眼镜和试卷，穿上最爱的小裙子，夜晚悄悄出门，去邂逅一个帅气的王子。

哪怕他坏，是吧？那又怎样？我只想掏心挖肺、伤筋动骨地爱一场。

我佩服关关的勇气，哪怕最后谢童并不是 Mr.Right，哪怕周围所有人都劝她止损，那又怎么样呢？我已经波澜无惊地、索然无味地成长了这么久，现在我不想八面玲珑，不想权衡利弊，我只想，挺直了腰板，真真切切地，痛痛快快地，爱一次。

哪怕只有一次啊。

所有开挂的人生,
都是厚积薄发

人并不是一开始就成熟的,尤其是感情

我相信你也曾喜欢过这样一个人。

讲实话,没太多优点。

可能是脸蛋鲜嫩,或者身材修长,白衬衫加自行车,像出海的帆,又或者,他说起来泯然众人,只是夹带一股清淡的痞气,像六月爽口的梅子酒。

但缺点也多。对你不上心,拈花惹草,恨不能在情场三头六臂;没事儿暧昧几次,不负责任,只管给你抛橄榄枝;懒成一摊泥,不为未来打算,专长是添乱。

烦人。

要是好死不死真想谈下去,除了忍着、让着,还有什么办法?鞭挞他懂事,恳求他用心,都是徒劳。只能祈祷这世间声色犬马何其多,他偏独独留恋你这一片树荫。

我的一个万人迷女朋友,给我讲过她的初恋。帅,帅得夸张,全班三十多个女生,有七八个暗恋他的。我女朋友幸运,被他表白了。

但他的品行让人爱不起来。

小肚鸡肠,四处喝酒,时常隐瞒,我女朋友第一次提出分手,他放下脸面来求和,说再不喝酒,再不把她晾在一边,结果重来过后,一切照旧。更可怕的是情绪暴烈,惹不起,训不得,没事就摔瓶子。

所以最后我女朋友成功跟他了断,一身轻松得……竟然想开香槟。

我们很多姑娘都这样嘛。仅仅因为对方一些轻飘飘落不实的魅力,就想把自己最珍贵的一截青春奉献给他,后来误入硝烟战场,想漂亮走退,却惹一身鸡毛。

在刚脱身后,姑娘们怨恨自己愚蠢,没有慧眼识人,巴不得立马打包羞耻,清心寡欲,远离尘嚣。

可很奇怪,像我那位女朋友,多年以后回想起来,又反而不觉得那样的付出,是尴尬与难堪。

——只觉得曾这样不计后果地爱过,倒也很浪漫。

我在私信里收到过很多感情问题,其中有不少关于"悔恨"。姑娘们向我倾诉,在人渣身上浪费了大好光阴,悔不当初。

但其实有多少人,从一开始就能拿到永恒爱情的门票呢?

所有开挂的人生，
都是厚积薄发

都要试错，都要伤筋动骨几回。

再然后才懂，原来恋爱需要稳妥与温柔，更需要头脑与经营。这是一场修行，严肃而艰深，才不只是天雷勾地火，数心脏漏掉了几拍。

我之前写过一篇《谢天谢地，我爱大叔》，说伴侣最好找成熟会处事的。有读者提意见说，大力，你忽视了一个问题，人并不是一开始就成熟的，尤其对待感情。你享用着"成熟的大叔"，可他在你之前，必定辜负过一些人。

那些人做了他的老师，让他受了锤炼，你才能在这一段亲密关系里，被高高捧起。

同理可得，不经历那些"人渣"，有些人生真相你不会懂。不是那些错的人，你也尚不能认清自己，明晰自己的信仰与初衷。

庆山在《月童度河》里面说，如果你曾经被打趴在地上，在痛苦中体会到粉碎，那么这种完成就很彻底。我们在失控和调控中逐渐建立起心灵的秩序，这些代价需要亲力亲为。

我越来越相信，受过伤害的人才更懂，在人间无数种眼花缭乱的幸福面前，她需要的是哪一种。

我在爱错人的时候，也懊恼过，泣不成声地对朋友说"他浪费了我的时间"。朋友笑笑说，哪里浪费了？爱错了你可以把他写进文章里，他是你的灵感；你可以知道做错了什么，什么样的人跟你是不OK的；退一万步讲，今天你恨他，但从前他是给过你开心的，一段恋情的快乐与难过,这两样是打包被放在一起的,哪一样你都得接着。

很巧合,后来我写他的一篇文章变得大热,也算是那篇文章,拉开了我正式写作的序幕。

我找朋友讲到这件事,这次换我感叹道:"从前以为有些伤是横来一笔,没必要的,现在才知道,所有受过的伤,最后都会成全你。"

蝴蝶扇动翅膀带来海啸,命运向来环环相扣,暗生枝理。你从前走的每一步都是为了促成今天的你,哪怕是战战兢兢的一步、意义不明的一步、随波逐流的一步。

都是你亲手种植下的"因"。

更何况,不如意之事向来占到人生八九成,我们干脆就不要为横冲直撞的"傻"与"错",锱铢必较地责怪自己。

如果因为贪甜长了蛀牙,至少你也曾被那几颗糖,哄得心甘情愿过。

人生这么漫长,走错几步,错过了赏花,却有可能迎来险峰和云海。没什么遗憾的,爱错人更不用。也许你被击败、否定,被所有人指点议论,被爱情反踢一脚——但没关系的,真的没关系,这些糟糕的经历,终将成就独一无二、走什么路都能稳当当的你。

我看过王云超的《最浪漫的事情是豁出去》,摘抄过这样一句:

"最浪漫的事情是豁出去,对于多数善良人士来说,豁出去,至少证明动了真情,或者被逼得无路可走。"

无路可走,也就有了路。

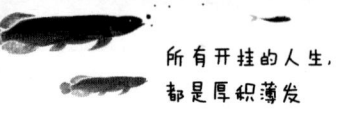

在你说"我偏要"的时候,看似给自己劈了一块绝境,但人生向来峰回路转,向来是从"过去"之中,汲取了宝贵的营养。"我偏要"这一句,是美好的生命力。

那些你偏要爱的人,要么成了一则佳话,要么成了一堂生动的课。

哪一样都不亏,又何必后悔?

Chapter 3 / 人并不是一开始就成熟的

在流眼泪之前，至少心曾经热过

现在的年轻人可有意思了，一边在社交网络每天转发锦鲤"祝我财运亨通"，一边暗搓搓地给宠物动态点赞，以猫为最盛：

"别看有些人在外面风风光光，其实私底下连只猫都没有。"

"猫狗双全"更让人羡慕一些了，甭管它们拆不拆家，会不会把你的被絮撕得满天飞，像狂野的维密现场；甭管你每次上学出差会不会提着心吊着胆，离开它们8小时以上，心里便突突跳着一根弦；甭管每年猫粮狗粮会不会贵，或者开销重得你想倒地对它们喊"爸爸！"……总之只要有了猫猫狗狗，现在、立刻、马上，皇冠递给你，你就是人生赢家。

有时候也好奇，有狗能怎么样呢？有猫能怎么样呢？一个活蹦乱跳的伴而已。

所有开挂的人生，
都是厚积薄发

但好像也不止如此。

我一位朋友，在失恋后也开始养猫了，养得兴致勃勃。

她一向很忙，是公司二把手，每天签合同都来不及，所以之前一直不养任何的宠物，因为"没时间顾它们的"。直到今年初春开始谈的一场恋爱在十月份告吹了，她先是飞去清迈度了个假，后又扔了男朋友的东西，只身搬到了一个更大的家，尽管如此还是每天连发十几条状态，一会儿"他爱过我"，一会儿"他没爱过我"，痴缠眷恋止不住，怎么也走不出来。

所以她去买回了一只母暹罗，称呼它"妖精"，跟它对视，嘟嘴，揿它耳朵，一字一顿地问它"你喜不喜欢我呀"。我在旁边看着觉得吓死了，我说你别这样，你再这样，不怕它哪一天突然开口说话吗？

朋友说，在我心里，它就是会说话的。

后来想想，人失恋了得多难受，尤其我朋友，跟前男友是当初大家公认的金童玉女，散了，她又一贯有钱，没办法靠透支信用卡买快乐，年末北方那么冷，工作又会堆得更高，怎样去熬这一段艰难时期呢？她选择养猫。

是啊，在容易万念俱灰的时候，一转眼想到家里还有一个毛茸茸的小东西在等着自己，或许正翻箱倒柜，或许正蹿上跳下，或许正巴巴地堵在门口挠啊挠，会觉得纵使世界再糟糕，它也留有一片生动给你。

人最会觉得"熬不下去"的时候是什么时候？

不是最穷的时候，不是最窘迫的时候，不是最一无所成的时候，而是觉得自己和这个世界没有了关联的时候。

像是觉得，别人都有别人的热闹，都很美，又盛大，我观赏，我艳羡，我笑着与其中的表演者挥手，但我独独不是其中的一分子。

"那些都是极好的，但关我什么事呢？"——这才是最危险的念头。

所以，为什么喜欢宠物？大概是喜欢跟它建立的一种羁绊，这种羁绊让你收回了伤心得想飞去火星的打算，"还是安心留在地球吧"。羁绊有时甜蜜有时麻烦，它有冲你摇尾巴、吐舌头的时候，也有眼露凶光盯着你的餐桌、不愿被抱去洗澡、对你拳打脚踢的时候。你拿指头戳着它"你这个小糊涂蛋呀"，但其实还是爱它爱得不得了，心都为它化了，化成一摊甜兮兮的冰激凌水。

有时候跟猫猫狗狗们还真像老夫老妻，你天天在朋友圈发它们状态，嚷嚷"老娘家的猫全世界最可爱"；它平日对你斜着眼睛，高贵冷艳得很，但在你洗澡的时候一直蹲在卫生间门口，怕你这个"愚蠢的人类"被淹死。

跟宠物们哦，琐琐碎碎地过，吵吵闹闹地过，也互不遗弃地过，是很温暖的事情了。

毕竟我们人啊，没有陪伴是活不下去的。

我看《言叶之庭》的时候，觉得男女主角都是与周遭世界格格不入的人，都有自己所坚定的、所怀疑的、所不得不斗争的一切，内心深深孤独。男生成绩不佳，悄悄继续着制鞋的梦想，女生作为老师被学生集体排挤，没了工作，还被男朋友分了手——二人在最觉得"撑不下去"的时候，遇见了对方。

所有开挂的人生,
都是厚积薄发

从此他们有了羁绊,像是总盼着雨天能一起在凉亭里坐一会儿,十几分钟而已,希望潮湿的雨季无限延长。

分开后男生说"我总时不时好奇,她现在在做什么,过得怎么样",其实女生一定也一样,对一个人有了牵挂,有了羁绊,就是对一种气候有了羁绊,对一座城市有了羁绊,对今后一轮又一轮的春去秋来,有了羁绊。

圣埃克絮佩里说"建立羁绊,就要冒着流泪的风险哦",但这又有什么关系呢,至少在流眼泪之前,心曾经热过。

不瞒诸位,鄙人的人生理想之一,也是养猫。

对我这样的工作狂来讲,太需要一只猫钻进怀里,或者蹭一蹭我写稿的电脑键盘,多皮都无所谓,多烦人它都是我的专属小坏蛋。我会认真豢养它,在每个疲惫、绝望或觉得自己无处可去的时候,它会攀上我的肩膀,缩成一团睡着,或者喵喵叫着向我宣告"我饿了,人类",让我知道,我是要照顾它的,它也是要照顾我的,我有归宿,我很富有。

听过一个说法:在宠物的心里,不是我们豢养了它们,而是它们豢养了我们。

也许在我们看不见的平行时空里,它们也是有思想、有文化、有知识的生灵,犯傻是刻意装作不懂事而已,为的就是用一言不发的陪伴,拯救这一群背着工作绩效、感情危机、生存压力,越来越辛苦,也越来越不开心的可怜人类。

人类,准备好了吗?我将要成为你的猫啦。

人只年轻一次，别急匆匆变老

昨天我跟两个朋友 Melon 和小狼吃饭，很巧，两人都来杭州上班了。

我问他们对我研究生毕业后的职场生涯有没有什么中肯建议，他们回答："建议是，能不上班就别上班了。"

……我吸了吸鼻子，不知道怎么接话。

一个事实是，像"上班"这样听来就令人疲惫的词，已经悄然飞进了我和我朋友的餐桌。虽然我们才 20 岁。

但我们是那种，跟生活小打小闹多年的蹩脚战士，突然要远去，要背起行囊，哪怕只有绣花枕头，也得实打实地出场斗争了。

今天我跟朋友吃饭的时候，讨论发财路。朋友说，她跟男朋友常去吃的黄焖鸡米饭，一家麻雀一样娇小的店，每天的顾客络绎不绝，几年后老板便用赚来的钱买了三层楼。

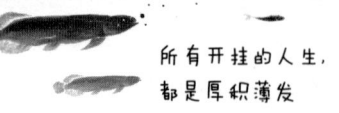

也不奇怪了,卖煎饼的大妈都月入三万了不是?现在我跟我的财迷朋友们,路过商场里的早教中心、健身房、少儿油画培训室时,都是啧啧咂嘴:不知道有多赚钱呢。

我曾经是讨厌这种,嘴里没别的,只有钱的人的。

但我还是成了这种人。

朋友前两天去看房了,回头跟我们讲,中介居然直接劝她"别在市区买了,买不起的"。

聊了好一会儿过后,我们几个的一致结论是——

找个有房子的男生谈恋爱好了。

是很不正确的讲法了,要是几年前谁这样跟我们说,我们都是会鄙夷的,毕竟"面包算什么,爱情才千金不换",多好的浪漫啊,可我发现,人越走到后头,浪漫的成本便越来越高不可触,从前昂起的头颅,终有一天要低下。

不然保不准跌跤嘛,而跌了跤,谁知道什么时候爬起来?

有一个姑娘,我跟她关系一直不痛不痒。她是很能把握别人心思的姑娘,会引导你对她好,但她还回来的分量,于她而讲永远是最实惠的,段位算社交场里的经济学家。

比如同时发展两三个备胎,都是比自己年纪大、稍有些事业的,还非要把人家家庭条件探清楚了,才择优录取一个。而一个星期前,我还看见她给现在落选的一位男生,也就是当时的候选,你侬我侬地发微信讲:

Chapter 3 / 人并不是一开始就成熟的

"回家过后披会儿外套,别急着玩游戏,千万不要感冒啦,我会不开心的。"

但认识很久过后,我发现她家里条件蛮差的,一个女孩子,又有志气,想待在江浙沪,不是做创业的大老板,靠自己想买房,存钱简直要先存个五百年。所以这种时候,脑子里还真不得不天天滚动播放钱钱钱钱钱,如果像演电影一样找个一穷二白的小年轻,倒显得是对自己不负责了。

在现实面前,一个人的执念与稚气,有时候真像奢侈品。

承认吧,我们都是蝼蚁,忙碌、微渺,都怕疾风、大浪,怕覆上来的脚印,一生都在学习妥协,有人早一点,有人晚一点,区别或许仅此而已。

很多人才 20 岁,就已经每天满嘴苟且,面对未来的迷茫,钱成了唯一的开解。

我十七八岁时,跟长辈们出去聚餐,听他们讲公积金、绩优股、哪里的地段过三年就能鲤鱼打挺儿翻几番,会一边哈欠,一边闷头给白切鸡淋酱,只想着下一秒人间美味就要攀上舌头,跟他们嘴上的金字塔隔着十万八千里远,全无干涉。

成人的世界真是太没趣了,满嘴银子、银子、银子。我以前有过一个大我很多岁的男朋友,出去吃饭,他盯一会儿服务员就开始分析:他的工资多少,提成又多少,在港汇会不会比其他地方的贵一点,像这样人均飘高的餐厅,租金怎样、月营业额会有多少等。

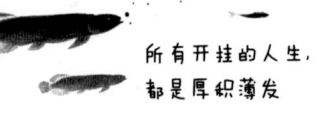

满眼都是钱,大人们的世界里,好像只有等价交换这件事。

他让我突然很怀念一个喜欢过的、愚头钝脑的、打游戏能坐过了地铁站的男生,生活费会匀不少给游戏,在女生面前大大方方喊穷,但穷归穷,还是每天开心得宛如神经病,那股子少年气直冲脑袋,没有被生活蛮力揉搓的痕迹。

我非常喜欢电影《闪光少女》的结尾,男主角把女主角约出来到萤火虫埋伏的湿地里,两个人是多年好友的关系,太年轻,太青涩了,男生还不敢表白,只会一遍又一遍问"你不是喜欢萤火虫吗"。

女生感动的时候,他也不会顺势而上,只是傻乎乎地、紧张兮兮地问"你不要说点什么吗"。

看得我有点泪目。

哦,毕竟我们成年人的爱情,就是吃两顿饭,送两次包包、鲜花,看两次电影,对方就要迫不及待地问"你觉得我怎么样",你要是说不行,他马上找更优秀的下家,跟拿钱买商品也说不出太大的区别了。

年轻人各有各的年轻,而老去的人都是一样的。在 2017 年秋天这个靠明星话题支撑的九月和十月里,我偶尔也觉得这些爆炸性消息是给埋头挣钱的人们定做的荷尔蒙针剂。我们也真的很想多一点那种,脱离了面包,只谈理想和远方的时刻,或者不谈理想和远方,就谈点其实无用的,隔上了十万八千里的陌生人琐碎,诸如谁用谁几百万了,谁跟谁在一起了。有那么一小阵子,脱离了功利,脱离了等价交换的逻辑,就算松了一口气。

毕竟,当个滴水不漏的成年人可真难啊。

Chapter 3 / 人并不是一开始就成熟的

活在美颜软件里的女孩

今天下午我跟朋友出去拍照，拿了相机回来一张一张筛选。

我突然蛮丧的，就觉得，怎么这么多年过去，自己都22岁了，抹了成千上万块的护肤品，却还是不上镜。

但美颜软件的出手，很快让我沉浸在了假惺惺的好看里。谁都懂这种好看，不过一层薄纸糊，其实一根针就能"刺啦"一下，戳出一条细长口子的。扒开口子过后，该丑陋的，照样丑陋。但我跟很多的女孩子一样，什么都不擅长，唯独修图技术炉火纯青。

所以最后的成片，还算是顺眼。

我听朋友说过一件事，她朋友圈里的一个姑娘，其实长得很有个性，也不是说不好看，但是每次发自拍，都一意孤行，把自己P成标准网红脸。她发自己在酒店泳池的照片，会把身材P得非常凹凸有致，显得有

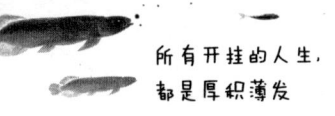

些情色,结果最后被别人举报。

朋友很不解,说:"她本来长得也蛮不错的,不明白为什么一定要 P 成网红脸。"

但我心里是觉得,我懂的。

很简单,她心里好看的标准,不是自己,是网红脸。不想整,OK,那就 P 啊。

这是个怎样的时代呢?是一个颜值甚至可以推动经济的时代。大家嘴里的谈资,都是由好看的人群填成的,不说明星,就连我们触手可及的寻常小团体讲八卦,也只对"隔壁班班花/班草"这样的人物格外注意,剩下的长相平平的某某某,不过是青春片的底色。

之前暑假,我认识一个可漂亮的小姑娘,没动过刀子,靠基因吃饭的,被表白多少次是手指头都数不过来的,每次她滔滔不绝地跟我讲,本科期间谁谁谁和谁谁谁以多么让人哑然失笑的方式讨好她时,我只能附和一句又一句干瘪的"天哪",那样的我,是心有戚戚的。

我俗,就觉得被爱的人多好啊,她们才是人生的主角。

而只能在一旁配合惊讶表情的我们,怎么看,怎么都比她们的颜色要暗上好几格。我们是第二梯队,负责围观、鼓掌、站得端正,或为这些俊男靓女的戏码掉几颗晶莹泪;他们是第一梯队,所有惊世骇俗的情节,所有大雨瓢泼、香车玫瑰的情节,是属于他们的,他们去历、去演,他们浓妆华服,在舞台上翩翩。

我们为什么会把自己 PS 成别人喜欢的样子?还不是想活进第一梯队里?

看过毛利老师的一篇文章，感同身受：

"……体重大于120斤的女人，通常都没有什么故事，或者说我们的故事不会这么曲折，这么迂回，这么柳暗花明又盘综错杂。120斤以上的女人啊，不管多高，注定只能生活在情感世界的浅表层。"

其实脸蛋也是一个道理。

长得不好看的女孩子没有情史，不是玩笑话。至少我从小到大，情史真是干净得可怜，而我认识的好看女孩子们，不管多么孤高自傲，拿"×××曾经追过我"这句话开头的经历，以十位数计。

有人说不好看有什么大不了，化妆呗、整容呗，说得置身事外，像蚊子叮了个小口一样简单。

哪儿有这么简单？化妆要花好长时间去学，还需要是五官完全无硬伤的底子才行，整容更不用讲，钱都是其次，对女孩子们来说一个人主动走进整形医院的门，都要好大把的勇气。

所以，变好看——即使是在这样机会扁平的时代——仍没那么容易。"不好看"这件事，是这漫长人生里的心口朱砂痣，永远割不掉，永远红彤彤地，矗立在那里。

我高中的时候，是数学又差，人又不好看。班上有个小姑娘数学次次将近满分，人又格外好看，那个时候的我可真是太嫉妒她了。

后来我读大学，上帝没那么偏心了，那个小姑娘过得很平庸，反

所有开挂的人生，
都是厚积薄发

倒是我19岁就出了书，靠写作挣了不少，钱财名气都有，蛮膨胀，觉得自己已经离"会因为外表而自卑"十万八千里远了。

但那时呢，有个我很崇拜的男生，跑过来说跟我交朋友，然后看了我的照片，很诚恳地告诉我，"我觉得你可以去拉个双眼皮，做个鼻综合，然后削削颌骨"——其实那样的时刻，我还是难过的。

就觉得，虽然他欣赏我的优秀，但在他心里，我果然还是不够好看啊。

花了这么多笔墨写"不好看的人生"，其实后来我发现，长得不好看的女孩子，处于"第二梯队"的女孩子们，最终还是找到了一套能让自己舒服的生活方式。

没人喜欢就催眠自己"我才不想谈恋爱呢"，沉迷追星，做梦都是小鲜肉献吻，有一帮子热气团团的闺密，姿色与自己相等，没有暧昧对象也能手挽手流连商场，同样开心，以及最重要的——日复一日累积，越发精通PS技术。

P得非常到位的，还能够在朋友圈里收获"你真漂亮"的谬赞，满足作为一个女孩子最俗最俗的那种虚荣心。

"不好看"让她们的人生缺失什么了吗？其实也没有。

已经不想再去钻研打什么针、做什么手术，自拍随手P一P就好，在旁人有意无心的恭维里，光耀那么一小会儿，就够了。

这个世界对好看的人简直是十万分的宽容。我认识的一个好看的男生给自己招女助理，人家都主动说不要工资。对好看的人来讲，谄媚的好处算不算好处？当然算，而且很轻松就拿到了。

但我们也不需要羡慕那些自己没有的东西。

人总是要与自己和解的，硬要自己符合别人的拥簇，其实还是放不过自己，不想坦承，自己不过泥土里摸爬的凡人一个。

但我想坦承了。

不谙世事的时候，我也曾死死盯着自己"不够好看"的缺陷走不出来，看着别人笑靥如花，走在街上赚足欣羡，自己却尘土满面，用多少钱的化妆品也不算更亮眼，觉得自己的人生到此为止算了吧，但后来一路披荆斩棘，蹚过那么多艰难境地，赤手空拳搏妖魔鬼怪，才终于拥有了自己的天地，就也突然对一无所长的自己，生出了点同理心。

是的，挣扎了这么多年，我也终于相信了，活在美颜软件里的女孩子们，也终将拥有自己的一片天地。

它并不会比别人的更差。

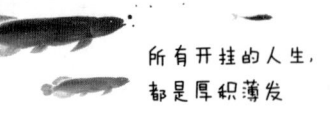

所有开挂的人生，
都是厚积薄发

命运赠送的所有礼物，都在暗中标好了价格

前几天，我在学校给学弟学妹做分享会时，突然想起了阿缪这个小姑娘。

当时我跟另一个两年不见的同学在台下偶遇。我跟她从前算闺中密友，但忙工作后疏淡了些。久时未见，三句两句快聊，知道了她现在有个感情稳定的交大男朋友，金融系，即将硕士毕业，签好了在上海的工作，房子首付也给了，准备跟她结婚。

我问，那你岂不是可以直接在上海落户了，而且房贷还没什么压力？

这时不少老同学围上来，有一位千辛万苦才申到研究生 offer 的姑娘瞪大了眼睛："哎，你命也太好了！我就算几年后苦兮兮拿到学位，也未必能落户呢，房子更不好说，你看看，你男朋友直接把你的起跑线，往前拽到了我人生理想的终点线了哦。"

众人附和她,也都一水的艳羡声。

这时我心里就想,如果阿缪今天在,虽然未必是直接开口喟叹的其中一个,但一定是,心里妒忌得最辛辣的那个。

阿缪的情史呢,是一段生生不息、往高处攀附的旋转阶梯。

她交第一个男朋友,是在青葱时代的大一。他也是交大的小男生,文科,四线小城镇考出来的,家里穷,没恋爱过,脑筋简单如直肠,但心诚,一面笨拙,一面不倦地讨好阿缪。情人节给她买品相很差的玫瑰花,她嫌档次不行,连朋友圈都没脸发,跟他大吵一架。

这个男朋友终于摊开了说,这玫瑰花真是我好几天没吃肉,才给你省出来的。阿缪听着,起初还内疚,但后来开始难过:为什么别人的男朋友随手转账都是1314,她的男朋友,就连一份300来块的玫瑰花,都要咬咬牙再买?

分了。

找了第二个,商学院的,契机是跨校联谊会。去联谊会前,阿缪蹭了一脸室友的大牌化妆品,恍然觉得,自己一颦一笑也算价值连城了吧。兴许看中她自信活泼,商学院一个研二学长开始追她了。

她精明了些,硬是拖了两个月没答应,等5月20号的时候,学长抱着一只巨型teddy玩偶,拿着一套几千块的项链搭胸针,她才娇滴滴地松口。

她在很久以后,跟我一起在北京的酒店敷面膜聊天,讲起这件事,眯起眼睛,懒懒地唏嘘了一阵:你说我以前怎么就那么穷啊?当时他手

所有开挂的人生,
都是厚积薄发

上一条一千冒头的项链,我看得眼珠子都直了。

其实商学院这个男朋友,家境很不错的,爸妈做生意,家里三辆车三套房,很喜欢她,名贵礼物没少送,跟她在一起半年就带她见家长。她或许也真心过,也想过带学长回她的家。

但她不能。

她那段时间找我喝过酒,第一瓶见底就开始哭,说不能带学长回家,不能让学长知道她还有两个正在读高中的弟弟,全家挤在一个70平方米的小破房里,家里常年只有妈妈,爸爸是在外地开货车的。

学长当然想象不到,这个在商场里对着上千价位的衣服,像Maje、Ferragamo这种寻常小姑娘拿不下的品牌如数家珍的阿缪,跟他的门当户对,全是背后使了好多暗功夫绷出来的。

我猜阿缪第一次进轻奢品店的时候,脚也会发虚、流汗。高档商场里的服务员,有些是很看人脸色下饭的,会瞄你全身上下的行当,像个有油水儿的主了,再殷切招呼。阿缪穷,所以她早早买好了假的Prada,2000块,倒也算给自己壮了胆,小高跟鞋踏进去,气势喧天地挑挑拣拣。

后来我开始写作,认识了不少物欲缠身的小姑娘,幸运地跑去创业,大赚一笔,不幸的依然售卖着单篇,在朋友圈里时不时晒小目标:这个月我要剁手××牌和××牌,下个月我要剁手××牌和××牌。

我对物欲没意见,完全没意见,我反而觉得,有时候"物欲缠身"能激发出一个姑娘的生动。但我总为阿缪感觉可惜。

爱财没错,但要有度。女生的烂漫,其实会从她开始过度地垂涎

Chapter 3 / 人并不是一开始就成熟的

比自己高阶的荣华富贵时,逐渐地,逐渐地,消失殆尽。

血肉江湖,撒泼诓骗,越急切,越乏心智,越不择手段。

阿缪在学长发现她真实的家境前,主动提了分手,理由是自己年纪太小,暂时不想结婚。

是很漂亮的全身而退了。

那时我跟阿缪都大三了,我开始实习,写第一本书,每天灰头土脸赶四小时地铁,还是阿缪活得行云流水,她时常在衡山路喝到酩酊大醉,跟不同的男生回酒店,她的样貌,的确已出落得很有风情了,浸在一身丝丝入扣的人间烟尘味里。

她笑我只知道写稿,连眉毛都懒得细细修上几次。她那时的化妆品已经用得很贵,有人说她找男人要钱的招式数不胜数,碰上大方的一夜情对象,看她还是学生,怕她缠,直接往她卡里打两万,溜之大吉。

我另一个朋友,MBA 女精英,那个时候跟她男朋友分手,因为男朋友跟一小姑娘聊骚,还隔三岔五好几百地转账,寄几千块的化妆品。

她愤愤把聊天截图发给我,我一看小姑娘的头像和昵称,心里狠狠往下一沉,呵,这不是阿缪的小号吗?以前跟她关系好的时候,她开了小号准备做点微商之类的,才让我加她的。

时间来到两年后,我这几天在北京出差,签好合同的当晚,听到一个小道消息:阿缪结婚了。

一个我恰好认识的,她的高中同学,去了她的婚礼。

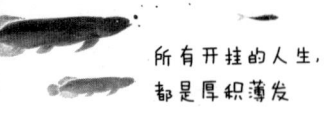
所有开挂的人生，
都是厚积薄发

"阿缪这一次，是回到她的家乡小城镇结婚去了。她以后会住在那里的，郊区有别墅。她老公是她初中同学，职高没读完出去跑业务，好像是放贷的，很是赚了一些钱。不知道两人怎么搭上的，总之因为未婚先孕闹了好一阵，双方爸妈没办法，就都同意了。

"她的婚礼，是老公开着超跑，小两口去车站接宾客，送到城里唯一的五星级饭店。

"她已经怀孕了，四个月吧大概，可她老公开跑车时，依然死命踩油门加速，有人提醒她老公，老婆都怀孕了，稳着点儿，这样不行。她坐在副驾，替他挡住质疑，回头笑说没事的，可手心里，全是虚汗。"

我都能想象到那一张，终于终于，被物质捧得矜贵，甚而油腻的脸了。

她终于嫁了有钱人，她知道他没有多么爱她，不会把她捧在手掌心，呵护她，她只能忍让，再忍让，从为人民币弯腰的第一天起，她就该知道，她既然是奔着钱去的，那么幸不幸福自行祈祷，别强求，毕竟所有幸福的婚姻，从来从来，都不可能是八十年契约的钱色交易。

茨威格在《断头皇后》里写："命运赠送的所有礼物，都在暗中标好了价格。"

她终于嫁给了有钱人。

我也真希望她过上了儿女绕膝、一家和气、老公永远与她恩爱的生活，但她是否有足够的底气被好运庇佑一辈子呢？倘有一日被抛却、被欺负，老公心猿意马，打骂成性，小三叉腰找上门，甚至留家过夜，她也只能和纸币，和银行卡余额，抱头痛哭。

Chapter 3 / 人并不是一开始就成熟的

阿缪她不懂，爱情有时候是不严谨，有很多空子可以钻，或者顺手牟利，像是没什么难处，但长远来看，爱情又是十足神圣的，容不得一丝异心。

别人真挚地爱她，她却盘算着拿爱意换钱，从有这个想法的时候开始，她就已经，永永远远，永永远远，不配被任何人爱了。

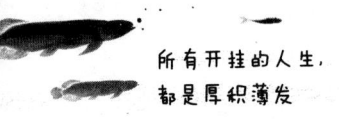

所有开挂的人生，
都是厚积薄发

别让期待成负担

前两天聚会，我跟朋友抱怨讲，情路上没遇到过什么好好先生，最多的是扫兴客，占便宜的尤甚，有人不喜欢你，可还是不会明确拒绝你，一边一言不发，为暧昧腾出余地，一边心中骄傲，安然地享用你辛苦熬制的殷勤，饱肚之余，还窃喜自己聪明。

"比如我哦，给他送奶茶，送感冒药，送复习资料，他半夜一点打电话来问一个语法题，我都爬起床帮他查。结果怎样，一年过后才告诉我：我一直当你好朋友呢，嘿嘿。"

我吞下好大一口奶霜，甜味堵住了舌头道："既然如此，能不能一开始就说清楚呢？所以把我当成什么了？老娘时间也是很宝贵的。"

一位直男却暗暗地接了句："但是……大力，说实话，你去追一个男生，也是以朋友身份跟他交流的吧，我相信你没有一开始就表白吧？这样的话，你都没有明说，人家突然来拒绝你一下——你不要对我太好哦,我不喜欢你——你是不是又觉得他这人奇怪了?如果我是被喜欢的人,我也怕被你觉得自作多情,我也在一直找一直找,找一个可以完全推开你的点,但一直没找到。

"你送奶茶,送感冒药,送复习资料,是不是都推托过说,只是朋友间的关心嘛,你看,你都给自己留了后路的,是不是?"

我不想承认,但被他说中,只能点头。

直男继续说:"所以,对方当然不够磊落,但根本的问题,还是出在你自己身上。你在对方身上放置了太多太多的期待,比如希望他——渐渐被你的体贴打动,然后主动跟你表白,而这种期待,是你自己一个人悄悄赋予对方的,与对方无关。对方本人呢,又不一定跟它相符。时间越久,越是你一场假想的狂欢罢了。"

OK,的确,根据我的不幸程度,如果按女生的视角写,我可以写出足足三万字讨伐对方,但如果转个弯,从男生那里出发,仿佛我才是……更难应付的那个。

"口口声声说跟我做朋友,其实我看出来她对我有意思,不然谁天天送礼物?我不想收,她又说哎呀没关系的,就是朋友间的仪式,那我能怎么办?收呗。收了过后她又觉得,我对你这么好,你也没拒绝我,你怎么还不表白?我当然不会了,我不喜欢你,为什么要跟你表白?我还烦着呢,该怎么让你不要再跟我做'朋友'了。"

我自揭一次伤疤是想说明,既然随随便便对人抱有了期待,当然要做好这个期待会很快落空的准备了。你脑袋里的幻象,还是你自产自销好了,非要别人去帮你铺实,还……蛮流氓的吧。

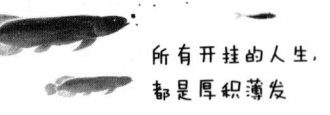

别人并没有义务承担你的期待啊。

工作中,同样如此。

我近年来的挫败时刻几乎全部出自工作,一开始我没有签公司,所有合作都是自己在谈,亲力亲为,形单影只,直面千种万种令人抓狂的情况。

有人谈到一半,消失了。

有人谈完后杳无音讯,到期限才冒出来说,我这边还不到要求。

有人一天催促我十几遍,自己又拿不定主意,最简单的一个地方也要反复改好几遍,浪费彼此的时间。

所以后来呢,我不再期待每个找到我的人都是简明、高效、井井有条的,我对任何人都不再有一厢情愿的预估,如果对方要折磨我,可以的,为了谋生,还能怎么样?乖巧,躺平,接受它。

确定这种心态后,我再遇到的客户,反而都没有什么让我觉得"抓狂"的表现,次次都很愉快,大概是我预估低了下去,会对过程中稍显"折磨人"的地方习以为常,不再觉得自己多么苦大仇深了。

后来我自己招来编辑也是,我会把所有工作事项详尽地交代下去,这是我作为"老板"的责任,但我心里清楚,不管怎么交代,总有20%的地方他们是会疏忽的,会做不到的。这一点是我进行工作的前提。在这20%变得糟糕的时候,我也必须尽量平心静气,责备过后,能解决便解决,不能解决更简单,换人。

对别人抱有过高的期待时,危险就开始了。

总要事先准备好失望，才会在失望真正来临的时候，不至于被重重击溃。诚然，失望本身的分量不会因为你的心态更迭而改变，但我们把期待降低的时候，便调高了自己的耐受力。

它能让我们在每一个崩坏的关口，熬过去。

前阵子一朋友发了一条状态说：突然想明白了，年纪大了能活得自由一点，不过是因为不再背负别人的期待了，其实从前应付别人的期待时我很莫名，也很疲惫。若是我对别人没期待，别人对我也没有——反而在这样的时候，我们最容易心灵相通。

谁在这一生中都免不了跟形形色色的人打交道，要是我们直来直去一点，不私藏太多不切实际的期待，像两张白纸一样坦诚对待彼此，相处即可化为捷径，而非累赘。

成熟的最重要一课，是明白"你眼中的别人"和"真实的别人"，很可能是大相径庭的两码事。不要用前者绑架后者，这既难遂愿，又令人心碎。

比如分手的时候，谁高兴听到一句"原来你跟我想象的完全不一样"呢？你自己把我想得太美好了，是你的问题，不是我够不够美好的问题。期待是期待，我是我，这是两个完全不同的个体。

有时候期待给予我们影影绰绰的朦胧美，但更多时候，它带来误解，像一根长刺从天而降，刺穿了原本和平的局面，最后双方都受伤，都不痛快，还都觉得，是对方负了自己。

何必呢？

所有开挂的人生,
都是厚积薄发

欲望未实现前,从容都是绷出来的

我的第一双高跟鞋买于大二,目的简单,做采访时让它替身架弱小的我撑撑门面。黑色绑带的,蛮好看,很 OL。

结局是……到真采访那一天,我没穿过去。因为哪怕是五厘米的粗跟,这种基础量级的,我一上脚都恨不能七瘸八拐,生疏满满写在脸上,谁都知道你是刚刚脱下板鞋的小朋友。

平时穿更别扭,一个人走在路上矛盾得很,想被别人注意到,但不想让别人发现我不常穿,小心思早早拧成了乱麻,反复纠缠一句"谁来救我",脸上又很不愿丢了镇静。

所以穿高跟鞋在后来,变成了一场仪式。跟男友吃烧烤,可以蹬一双穿得扁塌塌的凉鞋,还被盛赞"欧美风";出去谈合作不行,甭管多累,就得全身搭上搭下,还要把这个麻烦的小东西拎出来,由它赐予我新一轮的酸痛。

是朋友告诉我的，说像你这种年纪轻轻写文章的，出门跟别人谈合作，千万不要打扮得太学生气，免得人家觉得你很好商量，拼命给你压价。高跟鞋平日里要多练练，走出气场。

我点头说"知道了，知道了"，转身还是把高跟鞋收进衣柜深处。心里想，有这么夸张吗？

我一度觉得"舒服就好呀"，谁管你不穿高跟时腿是不是够长。我活得五迷三道，不想踮脚去追求所谓的优雅，好似一醉翁，不顾席间松懈的体态，推开端过来的温白开，只喝爽口的酒。

但我开始觉得高跟鞋厉害，是去很多重要场合的时候，发现我确实需要点什么，需要点什么来悄悄地垫高自信。对，很多事业有成、三十好几的姐姐们，在什么酒会、晚宴，都没有你们所想象的抹胸礼服，反而穿得惬意。棉麻开衫，平底鞋，最多只有拇指上一枚看不大出来的贵牌尾戒，轻轻松松就来了，底气都从履历里来。

我哪里有履历呢，又怕被别人视为无物，所以会很认真地打扮，高跟鞋再"不舒服"，也得穿，穿了，才有谈笑风生的勇敢。

或者说，当我装扮得更像一个"大人"的时候，我有了鞭挞自己成熟的仪式。

曾经看过这样一段话，非常走心——如果一个女孩子小小年纪就步入社会，或者说参与名利竞争，闯不闯得出成绩都是另一码事，首先一码事，是人家不会因为你年纪小就多放你一马，更容易预见的是，人家会因为你年纪小，觉得你"好骗"，动了占你便宜的脑筋。

所有开挂的人生，
都是厚积薄发

在写这篇文章的时候，我已经是一有空就穿七八厘米细高跟外出的人了。

是我自己规定自己，不能再懒了，要开始练习了，于是忍住尖锐的不适，一面假装如履平地，一面郑重其事地告诉自己：你都是20岁的人了，该有个大人的样子。

小时候我们悄悄试妈妈的高跟鞋，照镜子心里想真好看，世界上怎么会有这么精致的东西；18岁你开始穿，这才发现，美是美，脚背脚趾却都痛着呢。这蛮像一场隐喻吧——未到成人世界时，你艳羡它的流光溢彩，真的步入后，才看见车水马龙里也裹挟着盛大的残缺、微小的心碎，亲自尝一遍，翻腾的江湖人生，甜蜜过后涌上来苦涩。

哪里有你想象中那般简单？

我一个朋友毕业去公司面试，到了终面阶段。三个候选人在前几个环节的成绩相差不大，成败就此一搏。

然后有个女生，故意在自己发言结束后，对面试官叹了一句："对不起，讲得不好，丢了我们××大学的脸。"

我朋友当时觉得，怎么会有人这么"婊"呢？别的不说，秀学校的方式，不仅刻意，还给人以用力过猛之感，动机也太露骨，不过是看到剩下两个候选人的学历都不如她，故意给他们施压。

我说："我以后绝不会做这种吃相难看的事。"

朋友回答："可你要找工作、租房子，在超一线城市留下来，为了杀出重围，你就是得做吃相难看的事，甚至……不择手段的事。"

类似的事很多，我一个朋友，向来与人不争，大三找专业实习，公司是五百强，招一个有留用机会的见习生。之前过关斩将，在群面环节，面试官让大家针对情境设计广告方案，并评价面试现场其他候选人的方案。

她事后跟我描述，说她被残酷竞争激发出了第二人格——平时她压根不舍得戳穿别人哪怕一个无伤大雅的错误，可那天她义正词严，说对不起，我觉得其他几个人的方案不适合这家公司，他们不了解这家公司，接着，把自己花大功夫准备的、表明自己"了解公司"的资料背出来。

来面试的都是平时只会一团和气地聊"你今天的包包真好看"的同龄人，当即傻眼。

毫无疑问她被留用了。接到录取电话的那天她大松一口气，发微信给我说，你知道吗，幸好我通过了，这样我这几天怀疑"自己是不是很卑鄙"的忐忑，算是换来了好果子。

我说不怪你，怪别人准备得没你充分。大家水平都差不多，你要是不把必杀技想个办法使出来，那还不得消极待日听天由命。

——有些事情虽然让我们"不好受"，但为了赢，干脆就不吝啬功夫，不顾心里求和的声音，咬牙打出组合拳。

就像高跟鞋，你再怎么嫌它穿着不舒服，为了挤进好看的look book，为了表示自己全身披戴地上阵了，为了被全世界看见，还是得穿。

成人世界里，我们在真正能够游刃有余之前，都是花天大的力气，才绷得出从容老练的面孔的。我们希望攒足满腹的经验，在对方发言前牙尖嘴利地抢白，以此保护自己，像是招数不够的武打选手，临上场都

所有开挂的人生,
都是厚积薄发

先吆喝一阵,让对方心里抖三抖。

我们在真正变成老虎之前,都要学会假扮老虎;我们在羽毛丰满之前,向来没空珍惜存货。

有多少,出击多少。

所以现在有些文章批评年轻人吃相难看、努力的姿态不优雅、不漂亮,甚至狰狞,我都想跑到作者面前说,你懂什么啊?

当你必须要得第一名才觉得对得起自己的远大志向时,你才没有闲工夫管,别人有没有笑你书呆子。

看《春宴》,男主人公前半生在名利场里滚了个遍,终于当上了再标准不过的成功人士,遇到了女主人公,才开始照顾自己心里仅有的,那点曲高和寡、天山雪莲的精神追求。

真正从容的人,也都是死命打拼、锱铢必较了很久过后才登上名利的海洋里那艘慢吞吞的巨型游艇,才开始戴宽檐帽,仅仅介意发型和唇色而已。

欲望没实现前,从容都是绷出来的,不从容,才是常态。

叔本华说过,"欲求不满"的痛苦是人生的本质,平心静气的快乐,才是难得的插曲。

当你穿上高跟鞋,走向你曾经忐忑观望的成人世界,你可能崴脚,可能站不直腰,但你知道一件事——当大家都穿着光鲜、手举红酒杯时,你不可以在这时候停下来,换上舒服的人字拖。

而你要奋斗很久很久,才能真正像一个小资杂志上的成熟OL一样,清晨穿跑鞋健身，白天蹬高跟拯救世界；客户桌上千杯不醉套话说尽，密友面前卸下防备回顾人生。

"从容姿态"，来自于强大的自我建设基础，而不是轻飘飘的、满地洒的鸡汤里"请你不要太功利"的呼唤。

我呢，不希望你在人生的原始积累时期，就为过多的"吃相""面子""姿态"放慢了本该紧凑的脚步。

等你有朝一日斩获目标了，才能一路高跟加跑鞋，清茶配烈酒，活出蜻蜓点水，举重若轻。

凶狠又温柔。

所有开挂的人生，
都是厚积薄发

比金钱更重要的

朋友跟我讲起一次很微妙的饭局。

饭局的由头，是几个有旧交情的女生重聚——你知道的，女生们聚会中不爱指点江山，常常只关心郎骑白马，话题总会打着旋儿地，绕到感情上落定。

于是两位最近才交了男朋友的女生，成了众人集体发问的对象。大家让她们讲恋爱中最感动的事，其中一位眨眨眼说："之所以喜欢他，是因为他真的对我很好，他很细心，就连给我买矿泉水，都会买最好的。"

而后另一位接话说起自己家那位，颇有些得意地讲，"哎，多的不说，至少我手上的 6plus，是他送我的生日礼物。"

席间的气氛，便很是尴尬了。

朋友跟我讲矿泉水和 plus 的对比时，我想到《色戒》里王佳芝这样的人妻，要把男人送的珠宝精心佩戴起来，作为沐浴爱情的润泽；掰开阔太们细碎的聊天，三句绕不出攀比，家里的男人又送了我一只镶钻表，或者你这枚戒指，是不是光泽不够好。

都是男人馈赠的物质。

再讲回矿泉水和 plus，其实都是宠，都是爱，你不能说四块钱的矿泉水就比四位数的 plus 高尚，但一个规律是，女生们其实暗中羡慕的，还是手里送 plus 的那一个。

我认识一个姑娘，月薪 3 万，算是活得很"拜物教"。之前她开玩笑说，要在朋友圈里发一条"男人没钱不重要，重要的是踏实肯干，温柔善良"，然后再把所有点赞和评论"对对对对对"的男生都拉黑。

之前有过一个追她的，是刚出来工作的小年轻，咬牙拿自己省了两个月的工资送了她一件 Burberry，她说，她很感动，觉得男生很有心。

但也觉得很难过。

她不喜欢任何人踮着脚爱她，尤其是她明白，物质上的不对等，会造成地位上的不对等。

这几乎是一切感情破裂的万恶之源。

所以她认定了，要找个一样有钱的。我问："那要是有钱的都花心怎么办？"她啧啧咂嘴，说这就是你们的偏见了，谁说有钱人就滥情，穷一点的就忠诚啊？

这倒是一针见血的。

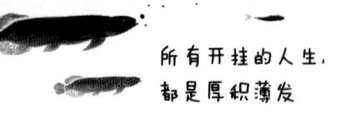
所有开挂的人生，
都是厚积薄发

一个男人在性格上的好与坏，压根和金钱无关，说白了，选择一个不富裕的伴侣，未必是因为看破了名利，大家其实都想过金碧辉煌的日子，只是有时，额外地因为相爱，因为那人独一无二，才愿意跟他去吃苦。

之前看一个节目，女生想买一个奢牌包，让男生作为生日礼物送给她。男生提前好长时间忙活，又是找便宜代购，又是托朋友借钱，最后才送上一个普通款的。

足够证明男生的爱了吧，但女生看到自己闺密的男朋友，给闺密随手发的都是几千块的红包时，又觉得自己很委屈。

作，且不自量力。

我一直觉得，想拥有荣华富贵簇拥的爱情没有错，不是谁都乐意两个人在寒风破舍中惨兮兮，我理解，但如果对方真心待你，你明里也同意了跟他在一起，却暗里嫌弃他银两不够，那就是你贪得无厌了。

你要么自己变有钱，找个门当户对的，要么就拿美貌当饭票，只不过你得到了爱马仕，却丢掉了真心。

人世间的烦恼，根源就一个字，贪。

我认识一个女生，家境不错，在跟我聊深了时，说过"不想跟穷光蛋谈恋爱"，但也说不出是否巧合，她现在找的这个男朋友，家境恰恰是很不如她的。

所以两个人不会吃豪华餐厅，住五星酒店，更没去什么希腊罗马意大利，平时就一起遛遛狗，周末坐地铁去看艺术展，晚上外卖叫几根烧烤，节日里全天约会，十指紧扣，如此简单。

她说："我现在是明白了，在一起时的舒适、开心、信任感，哪一样不比钱更重要？钱够用就好，重要的是，和喜欢的人在一起。"

不知道算不算合格的鸡汤……但我始终相信，真爱定能冲破无数藩篱。

像是《傲慢与偏见》里的达西和伊丽莎白，跨越千山万水也要在一起，不管中间多少桎梏。钱有时候是命脉，有时候却不过街头落叶。谈到相爱，或许两个人会短暂地贫穷着，捉襟见肘着，或许因为生活拮据而冲突争吵，但只要用心，好日子总能慢慢拾掇起来。

相爱比什么都重要。

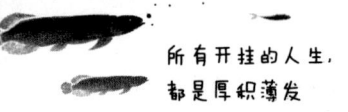
所有开挂的人生，
都是厚积薄发

深夜是成年人的避难所

这几天我出差，白天开完会，晚上跟朋友们出门喝酒。都是些工作狂，台上乐队开始唱嗓音低沉浑厚的民谣时，我们在讨论怎么保持一天产出一篇文章，以及如何在此同时身体健好，不被掏空，可持续发展。

讨论的都是些很琐碎又很无奈的业务，有人滑出口一句"上个月只收入了5万"，隔壁桌有人翻来白眼，可我们这桌，满是见惯不惊的表情。在周围乌烟瘴气的闲聊中，我们几个人听上去，满是成功人士的金钱腐朽味。

喝完酒后大家吃火锅，已近凌晨两点，众人嘴边的话题，才终于开始泛苦。

"看着身边的朋友，一个一个比自己红了。"

"有人不仅自己争气，老公也牛，人家去创业，搭得上的人脉，你一辈子都攀不到。"

"一年挣两百万有什么用,两百万在北京,什么都买不了。"

很有趣的是,我们曾几度共同喊停,说"吃个火锅要高兴点儿,不要再聊这么丧的事情了",可是再往后聊几句,对话的字里行间,又是盛足了酸楚。

也是在那个时候,白天在宴席上沐浴春风的我,才大大方方向众人叹出一句:"人生好苦啊"。

年少时我们为赋新词强说愁,把目睹的一次简单的落叶,也形容成生命的散场。我们用悲伤作养料,用强拗出来的所谓痛苦,裱框纪念自己的少量经历。

在装作千帆阅尽的路上,姿态很吃力。

反而是经历了越来越多难以承受的事情后,会更加安静了,不会再去声张自己的难处,哪怕心里面刚掀起一场海啸,你也无言地、穿过它。

长大后,"白天"是不再属于我们的。我们的人格属于公司,属于学校,属于任何一个需要创造更高生产力的集体。我们将人格上缴出去,在流水线上合格扮演,永远高效、规矩、井井有条。

所以真的会在深夜的时候,才褪去集体身份,灵魂重回皮囊,你的脑袋腾出来,情绪们才开始闹闹嚷嚷,想要你给个说法。

只有四下无人的深夜,才是属于成年人的。

又是一次熬夜,我跟朋友们玩真心话之类的游戏,有人问一个单

所有开挂的人生，
都是厚积薄发

身多年的男生说：你做过的最蠢的事情是什么？

他说，自己大学的时候一直喜欢一个女生，可是女生不喜欢他。

2012年的时候，临毕业，女生要回家乡，他本来只需要把她送到火车站，但是突然特别想最后一次陪她，于是一个冲动买下了去女生家乡的火车票，8小时的绿皮火车，陪女生坐到家乡后，他再坐8个小时回来。

我们都夸张地嘘声，说你平时看上去这么闷，居然这么深情啊。

他也跟我一样，患作家的职业病，常晚睡，越晚大脑越活跃。他说凌晨写完稿子脑袋特别空，特别想有一个人，让他想念一下，哪怕是回忆也好。只有在这个时候的怀想，远离了所有钢筋铁骨的生存逻辑，才出落得非常细致和温柔。

熬夜想念一个人，这种事我们都做过啊。我们当然也知道这对身体不友好，对第二天的工作不友好，对"做一个凡事懂得掂量轻重的成年人"的目标不友好。

可作为情感博主，写过蛮多"及时止损"的大道理，后来自己真的喜欢上一个人了，才发现，感情里能有多少个理智占上风的关口呢？就像很多时候你知道有人不该爱，有人不该想，还是忍不住拨开一簇又一簇世俗的荆棘，跟他越靠越近。感情根本是不可控的，一万个熠熠生辉的大道理，在你冲我眯眼睛一笑过后，顷刻化为荒唐。

我想爱你，很想爱，想为了你，做个犯错的浑蛋。

但我不敢在白天过多打扰你，我只能在深夜，在绵长的情绪里，细细密密地想你。

再卑微问一句：你愿意来我梦中做客吗，公子？

之前我看到过一句话，"喝醉的人需要一条为所欲为的马路"。

清醒时不敢流露的姿态，都交给酒精来引，就好像白天不敢多顾及的情绪，要留给深夜去挥洒。

每个人都活得很苦的，都有大雨倾盆伤筋动骨的时刻。这世界上教你学外语油画健身瑜伽的鸡汤太多，都教你积极振作，没人教过你，如果太累了请务必找地方宣泄自己，哪怕泣不成声，哪怕溃不成军。

我们应当永远为自己保留"丧"的权利。

深夜就是这样的地方。我们在这里丧气，在这里想念不该想念的人，在这里肆意地抬高或贬低自己过往的经历，都OK，没关系，明天你又要做个完美和善的大人了，今夜你做魔鬼吧，或者做小孩子。

这个世界上成功的人太多了，够不到的人太多了，表演真心的人太多了，当这个世界不属于你的时候，你就缩回去吧，缩回深夜的怀抱里，大大方方地伤心，大大方方地承认，我很累，很难过，虽然依旧一无所长，可我已经活得很努力了。

就让这无垠的夜晚，温柔地，替你承受世界的崩塌。

Chapter 4
别用父母的苟且，追逐你的诗和远方

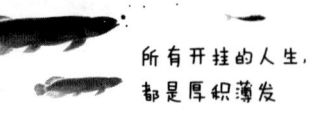
所有开挂的人生，
都是厚积薄发

不向父母开放的朋友圈

朋友说，她在朋友圈的动态，从来不敢向父母开放。

为什么呢？是因为以前她也向二老开放过一段时间，但那段时间，她玩微信不得不万分克制，如履薄冰。

她发一句"大家晚安"，母亲会立刻问"我天啊，你微信加了很多陌生人吗，多不安全"；

她发翻白眼的表情包埋怨作业多，父亲就马上发链接端来几碗鸡汤："年轻人多吃苦多学习不要抱怨／年薪50万和5万的人的区别／将来的你会感谢拼命的现在"，云云。

她是很反感的，想回复说，"你真的不懂我有多累啊"，但……只能在心里翻白眼。

真正回给父亲的只是一张圆鼓鼓的笑脸。

Chapter 4 / 别用父母的苟且，追逐你的诗和远方

我很理解的。

现在的我们，处于人生黄金攀爬期的前奏，多的是为股票、工资、衣着、口红和限量球鞋热血沸腾的灵魂，社会名流的励志箴言闪闪发光，你巴不得一觉醒来，就坐拥了精神与物质的双丰收。

但父母早就告别了大迈步的拼搏时期，他们只关心菜价、空气和睡眠质量，人生有一半埋在了泥土里；他们不跟进新知识了，不研究新表情了，只转发让人啼笑皆非的流言；他们对微信的用法，似乎方方面面都不太能跟我们"接轨"。

真是蛮糊涂的——

坚定不移地扩散伪科学谣言，哪怕你强调"这个早就有人辟谣了"；

喜欢用爆文教育你"细节决定成败，同班同学10年后身价相差竟达一亿"；

他们也不爱听你的"新时代独立女性论"，比起同龄人充满社会学智慧光辉的发言，他们总说，大城市没有让你舒舒服服的小镇好。

我就跟朋友感叹，都有点儿忘了父母是怎么一点点变糊涂了，是不是在我们变聪明过后啊？

那天我跟一群人聚餐，嘴皮子动得比筷子快，笑声掺着碰杯声，觉得自己过得十足热闹。后来酒满饭饱各自告别，离开了餐厅的热空调我冷得直哆嗦，站路边等出租车，手指划着朋友圈动态。突然弹出一条母亲的消息：成都降温了，上海怎么样啊？

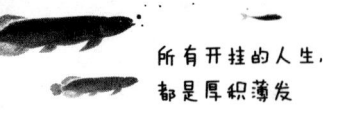

我回到聊天界面,看到几个刚分开的朋友发来的消息是:

"你把刚刚没加滤镜那张合照发我一下";

"记得微信转一下账噢";

和室友的"今天晚上还讨论 PPT 吗"……

那句"上海冷不冷啊"显得是那么不精彩,又那么不合时宜。

但是不知怎的,我看到那条消息,在路边凛冽的大风里一个人缩着肩膀跺着脚,突然就觉得上海特别冷。

父母给的关心看起来常是不合时宜的,无法合时宜的。当你经历了一大串独特的前情提要,跟他们的语境已然对接不上,你就好想冲着他们,把电话挂了,把大门给闭了,灯光给拉了,你说不要管我行不行,放我一个人去成长。

可是你会失望吗?当你发现没人会对着你字字珠玑的朋友圈做阅读理解,你的生活近况对他们来说无关痛痒;你每次公布恋情进展评论数都会爆表,可是没人关心你有没有在感情里被欺负,始终不断跟进的,好像也就只有父母:

在遥远的那端忐忑不安地问,"他到底靠不靠谱啊?对你好不好?"

虽然他们跟你步伐不一致了,但他们是真的担心你,比你任何一个步伐一致的朋友,都要担心。

我前段时间在网上看过许多这样的标题:"父母的眼界阻碍了孩子通往高贵""没见过世面的父母对孩子危害有多大",都是用精英且疏离的口吻写就。

我就常在想，对待至亲之人，为什么大家不能多包容一点呢？

今天如果我想写爆文，完全可以写《致爸妈：对不起，我必须要向你屏蔽朋友圈》，列举他们种种"不聪明"的行径，说他们热衷传谣、热衷灌毒鸡汤，说我压力太大，也太忙，说对不起啊，我们早就不是一个时代的人了，你跟不上我，就别怪我走得快。

可是我不想这样。

当你在外面虎虎生风时，抑或受人奚落时，短暂膨胀或失意时，你有想过吗——比那些"葡萄美酒夜光杯"的酒肉朋友们要多挂念你一千倍的人，也只有父母啊。

我在微博上看到过一个话题，是关于父母的朋友圈，一条留言让我印象非常深刻。他说，他父亲不太会用手机软件，微信连头像都不会换，他前阵子刚教完爸爸怎么发朋友圈，还没来得及教他怎么换头像，爸爸就意外去世了。

他父亲的那张没有头像的朋友圈截图，让我心里一颤。

人生光阴有限，面对父母，切莫用"嫌弃"替代了"理解"。

长大后的你尽管飞，往高处、远处、至美处飞，但别忘了偶尔回头，看看他们。

相信我，他们是需要你的，正如你从蹒跚学步成长起来的漫长日子里，曾经如此需要他们。

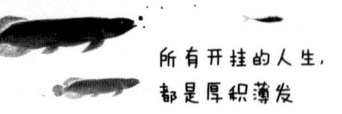

所有开挂的人生，
都是厚积薄发

所谓成长，不过是在与匮乏作战

我得到一个评价。朋友说，大力，你是个要靠漂亮衣服活下去的女孩子。

我不反驳，实在中肯。我今年一整个夏天都在成都，逛商场的频率一个月超过十次，每次都不愿空手而归，买完上衣觉得缺裙子，买完裙子觉得缺牛仔裤，买完牛仔裤……嗯，隔壁那家的针织罩衫也太好看了吧，它就是在娇滴滴地勾引我，把它牵回家。

这世界上的黑洞有两个，天文学家卡尔·史瓦西只发现了星球浩瀚里的一个，另一个，是女孩们的衣柜。

或者说衣柜是个怪物，会吃掉自己的内储，所以呢，女孩们对什么都不敢轻信，唯一坚定一句：

"我衣柜里还缺一件衣服。"

有时候我也在想，自己为什么对买衣服这么痴迷呢，甚至有时候，"买衣服"这件事，对我而言其实已经跃出了字面意义。

前些天跟朋友聊天，我也不知怎的，随口跟她提了一句："我大一的冬天，连衣服都买不起。你别笑，是真的，商场里看得过去的大衣一定1000左右的价了，可那时候我一个月生活费只有1500，上海什么都贵，买一件大衣我就不要想吃饭了。"

朋友不知道怎么应话。我反而很有兴致，继续说："所以那个时候我就在心里发誓，以后一定要挣很多很多钱，给自己的孩子打很高、很多的生活费，不要让她买不起大衣了，不要那么委屈了。"

是的，委屈。不是矫作，不是虚荣，就是止不住的委屈——当你望向橱窗里的模特款，天哪，它的走线、剪裁，它的用色，它的材质，都仿若穿越了全宇宙奔向你，为你量身定制，你注视着它，仿若它拥有了同你的眼睛一样炽热的灵魂。

可你两袖空空荡荡。

再没有什么事，比"买不起一件衣服"更让我们女孩感觉到贫瘠。爱可以稍候到场，名气更不是人人都爱有，事业拼一半，留一半给命运，问心无愧便好，但独独是这件衣服，你想即刻占有，是的，即刻，晚了一秒钟，那狂喜便矮下去很大一截。

很多时候，买下衣服，就等于买下了一瞬的开心。你将这一瞬开心带回家，锁进衣柜里，留着它的隽永，在你下一次穿上时，它继续散发愉悦。

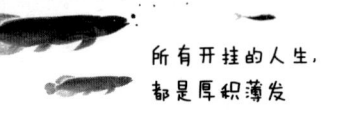
所有开挂的人生,
都是厚积薄发

所以实在不太懂,为什么越来越多人把"漂亮衣服"定义为一种"女孩们想借以吸睛"的工具。工具是没有灵魂的,可衣服不是。

衣服是闺密,是战友,是天上的星星被攥下来串成了胸前的项链,对我们来说,衣服,真的不只是衣服而已。

我高中的时候没多少零花钱,偏偏跟一位千金小姐交朋友,当然年少时代那么柔软,对物欲没有铮铮铁骨的计较——可即便如此,我依然悄悄羡慕着她,有这么多漂亮衣服。

我跟她做过一段时间同桌,那是暑假补课,我到现在还记得清楚,她有数不清的衣服,从露肩的薄牛仔衫,到手绘风格的奶白色 T 恤,再到款式复杂、针针精细的雪纺,鞋子也不停换,有波希米亚风的草编平底、荧光绿的匡威、棕色浅口的单鞋。那个漫长、炎热又枯燥的夏天,她跟从前的男朋友分了手,又开始为高考奋战,很容易撑不下去的日子里,以每天搭一身整整齐齐的新衣服为乐。

我也有过很多个,觉得自己"撑不下去"的日子。

尤其工作疲惫的时候,我回家躺在沙发上,手指深深地掐进抱枕,质问自己"为什么气数用尽,仍旧一无所成呢",再多一小会儿眼泪就要下来了,大事不妙,赶紧出门,买点衣服。

不夸张。当我走进商场,看见那么多件买不起的漂亮衣服,它们被放在我甚至都不敢走进的门店里——不用翻标签也不用问,件件四位数,我便握紧了拳头告诉自己:

不好好努力,你拿什么把它们带回家呢?

有时候我觉得，人这成长的一路，不过是在与匮乏作战。

有缺的才会想着去争、去找、去补，缺什么填什么，像成全一纸拼图，像打磨一尊雕塑，在这个过程中你才能逐渐认清：你是个什么样的人，想要的是什么。

这并不容易。

有人年事已高，家财万贯，躺在堆满金币的浴缸里，什么都有，什么都是招招手就来，依然不知道自己想要什么。

而至少在现在，当我打开衣柜，我知道，我自己想要什么。

想要占有美好，不是因为它让我们享受了挥金如土，让我们蓬荜生辉，抑或让我们足以为此骄傲，而是因为，我们发自内心觉得，我们配得上。

所有的美好，所有踮起脚尖都不及的美好，是我们在这灰暗的人生路，试探着、扭捏着、忐忑着、摸索着、迎着风，披着雨，还要继续前行的理由。终有一天，我们也能过上电影里那样的生活，失恋了一连哭上三天，敷一片又一片贵妇面膜，气势汹汹冲去商场刷爆卡，左五袋右五袋，招摇过市，好似什么都不曾崩塌，我们女孩哦，扛得起自己的世界。

是的，把物质当作前进的标杆是蛮俗的，但这个世界的冠冕堂皇太多了，口不对心太多了，谁能一辈子秩序井然呢？我们人类，被很俗的东西拯救就会好了。

比如跟工作几场苦战后的一次重辣火锅，比如感情不顺时的一份

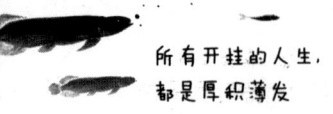

高热甜品,比如女孩们填不满的衣柜里永远缺少的那一件衣服。

是它们让你觉得:

人生很苦,可我有闪亮亮的盼头。

Chapter 4 / 别用父母的苟且，追逐你的诗和远方

别用父母的苟且，追逐你的诗和远方

我大二的时候认识了一个姑娘，她是彩妆控。

她每天都在朋友圈里晒，CPB 又出了什么限量版，纪梵希的底妆又准备要买，购物车里加了好几瓶 SK Ⅱ，云云。

虽然她每天嚷着"吃土"，可是就她晒出来的化妆品的价位，动不动就是 Sisley 或者 Armani 的，我感觉她真有钱。

但是后来我发现，她家只是一个非常普通的家庭。

她自己申请了助学金，每个月能有几百块。但是这些，加上她父母给的一千多的生活费，完全不够。

她总是变着花样找爸妈要钱，借口今天买资料、明天买课本，反正先把钱要过来再说。

但是她的父母呢？据说就是非常朴素的两口子，手机用的是几百

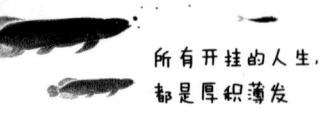
所有开挂的人生，
都是厚积薄发

块的杂牌。她的妈妈，为了买到便宜两块钱的蔬菜，每天都要多走20分钟，绕路到菜市场的最边儿上。

但是就在她妈妈弓着背，拿着微薄的薪水，为了两块钱绕远路的时候，她却在考虑要不要入手一瓶2000块的神仙水。

说白了三个字，虚荣心。

她在这边想着如何彰显自己优渥的生活品质时，她的父母却在为了供养她，一把年纪一身伤病地坚持上班。

孩子伸手要钱，哪怕他们平时连肉都舍不得买多一点，也会立马给她。

有虚荣心无可厚非，但是年轻一代无端膨胀的虚荣心，不该让操劳半生的父母买单啊。

我几年前去报社实习的时候，听到过这样一件事。

一个男生，高二的，吵吵着要让他爸爸给自己买当时新出的iPhone 4s。

他的爸爸，工地建筑工，从来想象不到什么手机要四五千块，就语气稍重地数落他道："不好好学习想这么多干吗？何况我们家真的买不起。"

然后这个男生离家出走了。

这位爸爸来找我们报社帮忙的时候，非常憔悴，40多岁的汉子，眼里布满疲劳的血丝。8月酷暑，他身上的汗衫一看就是质量奇差的，线头四处钻出来。还算整洁的裤脚下，却是一双毛毛躁躁的布鞋。

接待他的是社会新闻部的主编，主编隔日去他工作的临时住处采访。那是暴露在日光下的拥挤矮房，仅有一台脏兮兮的旧式风扇，只站5分钟就大汗淋漓。

这位爸爸眼眶湿润道："只要儿子肯回来，我一定给他买手机。"

在场的人，心里都悄悄抖了一下。

他的儿子，高二的男生，或许会因为拥有了一台崭新的iPhone，被朋友艳羡一阵，拥有被夸到身体轻飘飘的那种满足。

但是他的爸爸，始终在37摄氏度高温下，面朝黄土。

活到了20左右的跟物质面面相对的年纪，尤其是见到了越来越多生活富足的朋友，很多人，都会想要一步就赶上去。

不想被甩下，要不显得我多穷酸啊。

于是肆无忌惮没个界限地买，化妆品一定要用一线的，酒店至少要住四星级的，衣服要买中高端价位的，你总不能让我老是买快消吧？

父母在家里不知道过得多节省，可能80块的衣服都要想一想再买，你却在朋友圈晒，又吃了一次300块的哈根达斯下午茶。

你在狐假虎威地追逐诗和远方，却让父母替你苟且。

你真自私。

我一个好朋友，家里非常有钱，她自己交的家境相当的朋友，是连丝巾都要买Gucci的。

但是就这样一个每月生活费好几大千的姑娘，买双300块的鞋，

都会仔仔细细斟酌,还会四处托问最便宜的代购。

偶尔一次天南地北的聊天,她提到一句话,我一直记到了现在——

不管你的父母是月入5000还是5万,给你的生活费多还是少,这些钱真的都是他们的血汗,没有一分钱是容易的。

你在这里春风得意地挥霍,他们在为了替你兜底,马不停蹄地工作。

别再用父母的钱,为喂饱你膨胀的虚荣心,绷出一副骄傲而富贵的假象了。

他们真的为了爱你,付出了很多,很多。

谁是第一个发现你微信头像变了的人

前两天我在课间跟朋友胡乱玩,用了一个恶搞拍摄软件,把人脸妖魔化了。

几个人互相合照辣完眼睛,有俩妹子决定发神经发到底,换一样的微信头像。

两张特效脸挤在头像框里,龇牙咧嘴,血盆大口,一人胡子拉碴,一人媒婆痣硕大,丑出宇宙新天地。

五分钟过后,两个人的妈妈同时发来微信消息:"傻女儿你这是什么头像?快点换了。"

好玩儿,笑了一个中午。

但嘻嘻哈哈过后,我又想了想,为什么父母第一时间知道你们微信头像换了呢?

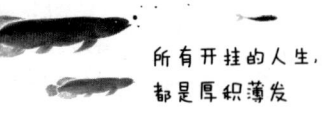
所有开挂的人生，
都是厚积薄发

又觉得有点心酸。

微信好友里这么多人，我现在活得更无奈，置顶栏里不是什么闺密、饭友、牌搭子，而是最近的几个客户。

每次母亲的头像弹出来红点，我不点开都知道，只是一句语音，唤我一声名字。

我有过一段不耐烦的时间，因为我知道，紧接着需要详尽地回答她的问题：怎么赚钱的，累不累，写的是不是自己喜欢的文章。

我报出收入的时候，母亲一阵嘘声，听不出多开心："那你到底有没有时间学习啊？"

怎么讲呢？我以为我都是个如假包换的大人了，铜纸包好心脏，跟钢筋铁骨的生存逻辑对撞着，一层一层加重量级。成人世界火光四溅，我凑近身去，不惧亦不畏。

但在母亲的眼里，我还只是个学生，什么都不会与不懂的学生。最好永远同书为伴，别涂抹上名利的花哨。我的野心满得快溢出来，但她不愿懂。

她只想粉刷掉狰狞欲望，还我一张白纸。

很奇怪，不管你走多远，父母好像都在看着你。在世界的另一端，也许是一个破败的小镇，他们搓着衣角，眼巴巴往你的方向望，面对人间繁华，祈求过你永不离身，但终究是选择了，松手放你闯世界。

生而为人，最对不起的，是满身羁绊。

我大三在媒体实习的时候碰到过一个姐姐。起初蛮怕她的,一身轻奢的装备,脸蛋儿小巧耐看,但牙尖嘴利,开玩笑是深入骨髓地不饶人。

后来我俩熟悉了,她就每天跟我灌输,保湿要怎么涂,睡觉前什么护肤顺序,以及最新一季流行撞色还是流苏,督促我尽早囤点天价眼霜,这样老得慢。

所以我一直以为她就是典型的上海小姑娘,衣食无忧长大,烦恼向来不接尘土,只与亮闪闪的指甲油有关。

直到一次重大的发布会活动,她连轴转了几天,分身乏术。我和剩下几个实习生都在考试周,实在来不了,没法帮忙跟进。主编当着办公室所有人的面怒斥她:

"叫你自己想办法多安排点人手,这下好了,到时候写不出来就滚吧。"

她涨红了脸,不说话。

但我第二天在卫生间隔间听见她哭,跟妈妈打电话诉苦,说这已经不是第一次被苛刻地对待了。

"我真的不知道该怎么办才好了,真的。"

我仿佛能想象到,她的脆弱随着肩膀的抖动一点一点,意犹未尽地散开来。

很久以后,我在一次跟她的闲聊中才知道,她也是从外地来上海打拼的。那天她跟妈妈打完电话,妈妈只有一句:

"你回来吧'女儿,你回来吧。上海太苦了,我们不吃苦。"

也不知为什么,听到"我们不吃苦"五个字,我眼睛突然就湿了。

所有开挂的人生，
都是厚积薄发

当你翻山越岭，往远方去，所有人都等待你有朝一日荣光加身，只有那么一个人，关心你有没有在万物熟睡的深夜，关了手机悄悄啜泣。

妈妈才不在意你有没有买一身的轻奢，闯五十层的写字楼披挂上阵，她只想知道她的宝贝女儿，到底有没有受欺负，到底还有多少心碎，不曾摊开来告诉过她。

写这篇文章是因为，一年前我的第一本书上市后，妈妈看了两天，突然一个电话打过来说："女儿你好辛苦喔。"

我说："怎么了？"

她说："我看你书的时候就在想，好几十页，十多万字，你写了这么这么多，好辛苦啊。"

我那时突然鼻酸。

开始写文章后，我听过太多赞誉，或者诋毁，有人嫉妒，有人捧高，有人送鲜花，有人赠恶评，还有一群业务联系的朋友，热切地关心我的版税和首印数。

但只有我母亲在想，13万字哎，13万字，女儿还要念书，写得多累啊。

很久以前我看过吴晓隆写的一个故事，说，最爱最爱你的人，会在飘雪的第一瞬间，打电话激动地告诉你。

妈妈才是第一个告诉你下雪了的人。

现在我很想飞得高一点，再高一点，再高一点，直到有一天把她从为我担惊受怕的境地里拉出来，让她看到，她女儿自己养活了自己，理想实现了大半，过得还算不错。

这样,她一生牵挂的张望,终于浸润了我曲折的成长,终于没有落空,她攥紧的手可以稍微松开,不那么紧张,不那么心思操劳,以至于女儿每迈一步,她都像自己重走了一遍钢索人生。

在我们即将经历的越来越多个春夏秋冬里,天气大起大落,人情几番更换,妈妈她始终就站在那里,天热嘱咐你切莫中暑,天冷为你寄几床棉被,像我们年幼时候的她,将双手围拢成,小小的温柔的火炉。

而我们所能做的,就是好好爱她,也好好继续披荆斩棘,往高处飞。

哪怕遇上寒流。

我也不怕的。

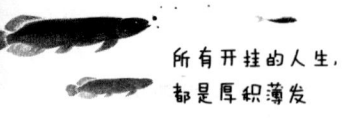

所有开挂的人生，
都是厚积薄发

长情不一定好，绝情不一定不好

朋友说，前段时间回家，发现父母的生活观跟自己的存在着一个有趣的分叉点：

隆冬时节，他们一家整理衣柜的时候，翻出了朋友几年前买的衣服。女人的衣品是随年龄一起成长的，当初爱不释手的款式，现在看来全是妖魔鬼怪了。朋友号啕说"这些我实在穿不出去了，都扔了吧"。

没料父母对此很不解：为什么就不能凑合着继续穿一穿？

朋友执意不从，父母说她狠心，当初买回来像宝一样，现在怎么能舍得扔了？

其实舍不舍得扔衣服这件事，算是一个人世界观的切片儿了。有人会舍不得扔旧衣服，哪怕知道自己以后并不会再穿，就像有人会舍不得放弃错误的人与感情，哪怕知道再走下去也是绝路。

这种因为"舍不得"而拖泥带水的活法，缺了点儿胆魄。

我看过一个让人啼笑皆非的帖子：

一位中年男人假装成功人士，钓到一位家境中上的独生女，恋爱后这位独生女跟他同居，他的生活开销全是她cover的。父母觉得女儿该谈婚论嫁了，让这位男朋友把父母带过来见见，结果男生用各种离奇的理由推托，一直不肯让双方家长见面。

最大的槽点是：在这种明显骗婚的局面下，父母还是催促女生跟这位男朋友结婚了。理由是两人好不容易交往两年了，几百天呢，再分手太可惜了，将就着过吧。看客为他们捏汗的时候，兴许他们自己还暗喜，打了好算盘。

但正如我们说命如棋局，"将就"出来的局面，一定没有痛痛快快、敲棋落定走出来的好看。"将就"和"凑合"这两个字，会毁了很多人的人生。

而他们在旧日的温存里还浑然不知，自己的懦弱已经给自己捅了刀子。

朋友告诉我，人人都说陪伴是最长情的告白，可有时候长情不一定好，反而绝情才更好。

她的一个学妹，就是典型的包子性格，现在大学，正很"有幸"地跟自己从小到大关系都蛮好的同学做室友。

"有幸"带引号是因为，这个近十年交情的朋友，不仅长期蹭她

的吃喝用,还偷她的化妆品。

但是这个学妹,到最后也没有跟室友把这种劣行敞开了说,还大度地维持着一团和气。她虽然的确对偷窃犯恶心,但念及两个人认识这么久也不容易,思来想去还是一句"算了,忍忍"。

那句话听来很开阔:忍一时,风平浪静。但这种金句没有告诉你,只有"忍"的人生,会让你背负许多莫须有的代价。

我们到底为什么不能活得更痛快点儿呢?为什么要忍呢?能让自己舒舒服服的,又何必屈膝弯腰呢?该断则断,该忘则忘,跌跤跌出伤口,赶紧消肿止血,疤痕结了痂就揭开扔掉,反正总能长出光洁皮肤,你何必带着伤口的阵痛忍一辈子?

人活一世,别头顶"窝囊"二字。

可以说狠心是人生的必修课了:衣服过时了就扔,男人负心了就换,坏人遇见就撕,过干干脆脆的人生,多敞亮。

所有过期的、错误的和会带来伤害的东西,都该推得远远的。纸糊的性格不好,人最重要是该烈则烈。对待自己,能多一分洒脱,就多一分洒脱。

当然我也知道,"洒脱"不是空中楼阁,它需要根基。

一个女人只有到了买爱马仕不心疼的境界,才不会对着过时的香奈儿伤神;只有在清楚自己从不缺追求者的时候,才能更果决地离开一段感情悲剧;只有让自己的人生质量遥遥领先了,面对小人、面对岔路,才能用最漂亮的姿势绕开。

所以还是要努力啊,要积攒起可以"狠心"的资本,不用唯唯诺诺地讨生活,腰板挺直便顶天立地,敢大胆放手,敢寻觅惊喜,无论衣服还是男人,都有脾气断舍离,不跟"旧爱"凄凄惨惨,强磕一辈子。

做一根摇曳的风中苇草,倒不如做坚定的磐石。命运本无情,比起柔弱娇骨,那些有硬气的女人,才真的值得敬佩啊。

所有开挂的人生，
都是厚积薄发

吃不只是"吃"本身那么简单

我喜食火锅，天生的。

四川姑娘的胃，剖开来都是辣气——清清淡淡的餐饭也有，但多少乏了些快活滋味。总觉重的滋味才算美。

跟亲密无间的发小轧马路，吃一路被鲜红鲜红的辣椒粉裹得看不见本来颜色的小吃，什么鸡柳、狼牙土豆、里脊，吃的都不是它们自个儿，吃的是它们跟辣椒混合的香。不爱买饮料解辣，有点骨气铮铮，怕丢人，只在路旁悄悄多皱几次眉毛，其实……辣得恨不能把舌头伸出来吹吹风。

高中和女友们庆祝什么生日，放假，心照不宣全是串串。店面在河边，不是很宽敞的河，但无所谓，最爱吃的店是连锁。串串百分百正宗成都的做法，学名"钵钵鸡"——是撒了密密的白芝麻，香油味浓重，但奇在不腻也不呛的——总之煮好又晾回常温的串串，没别的，就是纯粹的辣和好闻。年轻人怕挂科，但不怕胃病，还嫌爽不到顶配，捞出串串后要再裹它一层干海椒粉，一下子就冲喉咙了，但独独爱这样。

时间很快来到我的20岁，跟从前的女友们早已四散天涯，但我的胃很坚定地，丝毫不跟随新朋友们更改，反而越发爱食辣。

关于"吃"所联想到的第一画面，永远是：一顿嗞嗞作响的火锅，朝天椒、藤椒、小花椒在滚烫的牛油里尽情翻涌，八角、小茴香嵌在其间作料，肥牛、毛肚、黄喉都是下锅很快就能熟，一个筷子下去，所有狂热奔袭到你嘴里，"刺溜"一声，像哪扇门被打开了，像火柴划过了潮湿的山洞，像远处的西伯利亚平原，在雨过天晴后刮过一阵烈风。

"吃"不只是"吃"，对我这样的四川女孩来说，吃，更是享受，是奇遇，是抓得住的云、集得到的星，是生活的大半部分。

18岁是我的迷惘期，从成都到上海求学，第一次被置身于人人都如此优秀、克制、井然有序的群体，我突然间想不明白我是谁、我要做什么。

没有答案。

但唯一肯定的是：我不是精英，我做不了精英。我只爱玩，或者，我只爱吃。

我大学认识的精英女孩，或者说立志做精英的女孩，对"吃"也有讲究的，但不会把它们当回事儿。精英女孩们在班聚的时候将就跟着众人吃一吃，吃到三分之二就走，赶着回寝室写报告；精英女孩们也有

所有开挂的人生，
都是厚积薄发

知心朋友，但相约多在图书馆、展览厅或者邻校的论坛，总归不会是顿顿吃，或者像我一样为了一桌牛蛙赶两小时的路去市区。食物是什么？马斯洛需求层次的底端，有什么好挂念的，要当成功人士，头就得往高处昂，应该的。

但我就特别喜欢和混日子的人交朋友。让我们眼神发亮的事情只有两件：第一件，期末的 deadline 后延了。第二件，名扬四海的×××火锅/烧烤，今晚慷慨打折或开了分店，或者我们忙完作业，有空出门夜宵了，哎，那还愣着干吗，打车去呀。

所以我有时候觉得上海还蛮不适合我的，上海连"吃"都精英得不得了，当然，这里也有深街乱巷尾巴上十几年传香的小铺子，但上海多数时候的美味，还真是跟精英气离不开。要谈完公事签完合同，蹬着细高跟，在轻奢商场正儿八经端坐着来一顿才像话，很讲究，很电视剧，但就是少了那么一点烟火气。

在上海吃过几次人均 500 以上的馆子，说实话，是入口不忘的好吃，食材又鲜，做法又新颖，但总归太正式了些，不穿一身名牌，不留着陪客户吃，不让一顿饭发挥它的商业价值，总觉得亏了。

非一线城市就不一样，像我的家乡，成都，最受欢迎的永远是看起来有点拥挤、逼仄的甚至又老又旧的小店。去吃饭别打扮得太精致了，夏天趿拉个单鞋，穿一件脏兮兮的 T 恤，一条热裤，口红都懒得画鲜艳的，直接进到店里，朝着老板娘高吼一声，"对，还是上次那些"，若是进火锅店，菜单都不用看，"红锅，九宫格"，荤菜一辈子都是肥牛、毛肚、黄喉，一辈子吃不腻。

每次我坐在从上海回成都的飞机上，都会问自己一遍，要不这次就安定下来好了，回去做一个月薪 3000 但很满足的人，拥抱那种没有米其林和希尔顿，但出门拐角吃得到一路正宗串串、冒粉、火锅的人生。

我是真的想过，就这么普普通通地，跟俗且放心的好东西们，永远相伴。

说出来不怕你们笑话，读书期间我没参加过什么了不得的项目、比赛，更没什么奖，或者一官半职，不过一个平庸得不能更平庸的路人角色。

但路人角色也有黯然时候、伤心时候、分崩离析的时候，这种时候没办法靠宏图伟志，靠"天将降大任于斯人也"来拯救我，靠什么拯救呢？就靠吃。

失恋了，吃；被排挤了，吃；遇见刁钻领导，吃。我很难觉得自己被什么其他的东西"拯救"了，除了胃口。

俗吧，对，但我就是这么一路俗着、怀疑着、战战兢兢着，一边收获伤口，一边用美食自我疗愈着，长大的。

后来实在有太多个绷得太紧、太光鲜又太不知何处所归的时候，可在上海，我不知道有没有那样一根弦，它是让我可以松下去的。我也遇见了很多很好的饭店，我也喜欢这里的后现代装潢，干净又敞亮，可我心脏的角落里，始终盛放着一只人来人往的川菜馆，甭管什么品类，样样重麻重辣，食客们吃得汗流浃背，窗外是 35 摄氏度的盛夏。

上海很好，但它不管再出多少家火锅店，添多少笔繁荣，终究是

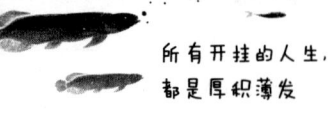
所有开挂的人生，
都是厚积薄发

个异乡。

22岁的我过上了可以飞来飞去，随手买贵妇化妆品，进人均四位数的餐厅也OK的生活，但长年外漂，我越来越想念成都的食物。在2017年的寒冬，最疲惫的时候，我什么都没想，满脑子只想一个飞机飞回去，吃上三个小时的火锅。

你知道吗？我们这一生啊，有人攀得很高、很利落、很漂亮，但最后还是只想稳稳地站在地面上，站在跟烟火气最近的地方，永远第一时间吃得到最爱的食物，如此正好，家长里短，苦辣酸咸。

谁能说这不是另一种圆满呢？

放过自己吧,不要再挨饿了

我之前的微信 ID 是"陈大力要瘦回 90 斤",忘了是受什么刺激后才取的,我猜是蛮大的刺激,因为这压根像是给自己求来的"紧箍咒"——

每当我顶着这个 ID 发美食照片的朋友圈时,朋友们就会不嫌事大地提醒:胡吃海喝前,要对得起自己的 ID 哦。

但是呢,我依旧排除万难地,奔往更多的脂肪。一面恐惧体重,拒绝上秤,一面依然往嘴里塞高热量甜点,并厌倦运动。

其实,食物对我来说,是一种补偿。

我在 2016 年秋冬的日子,过得像打仗。因为备考,每天学习 9 小时,紧张得话都说不出,偶有的休息时间,还要准备不少的推送和约稿。

那段日子里我很消瘦,也没精力把课余生活过出多少花样来,只

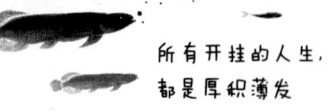

所有开挂的人生，
都是厚积薄发

是在心情消沉时，习惯找朋友一起吃顿火锅。

汤底鲜红油亮，渗出烟丝缭绕，打捞一片牛肉，酥麻战栗、泼辣爽快。此刻人间无难事。

"吃"是一种慰藉。人类的心脏是易碎质地，生活是一阵乱麻，捂着胸口多痛，不如把胃填满。填满了胃，才能填满大片的空虚感；待大快朵颐后，再去跟命运真枪实战。

我实在是发胖了，但能在味觉里休憩灵魂，是一种幸福。

讲下我朋友减肥的历程吧。

她的一日三餐是怎么吃的呢？早餐是食堂的豆浆，中午喝点超市里那种罐装的速食八宝粥，没有晚餐。晚上只喝白水，而且跑步，跑一个小时，实在饿得不行了，就啃点黄瓜。

减得这么魔鬼，当然能瘦，只是我感觉她瘦是瘦了，精气神却落下了大截。整个人都很蔫，脸蛋像覆了一层霜。

其实她减肥的起因，就是想给异地恋的男朋友一个惊喜。本来两个人早早约好跨年当天在上海相见的，可是很不巧，她失恋了。

之后几天我跟她一起外出住酒店，她跟我一起看综艺，嘴里的巧克力豆一刻没停。我问她："你不减肥啦？"

她说："老娘这么惨，没人安慰，只能被巧克力豆安慰下。"她的语气那么凉，像个失散街头的小动物，那一刻我好想抱抱她。

人活一世，欲念二字。找个美好肉体耳鬓厮磨，是欲；赠送给我们寂寞的胃许多高热量的可口食物，也是欲。

而没在爱情里受到安慰的人，的确需要沉浸在食物带来的简单满足里，才能自救。

如果说那句箴言叫"身体和头脑至少要有一个在路上"，那么我也斗胆认为一下，心和胃，至少要有一个是满的。

几次失恋后，干脆信奉起曲筱绡的那句话——世间情爱不靠谱，猪肉卷却永恒。

确实觉得，对于很难等到真爱的我们来说，还不如顶着命运的灰尘，先活得畅快点儿。想吃就吃吧，姑娘，你都一个人活得这么累了。

何苦为难自己？

过去的我活得不舒展，哆哆嗦嗦的。记忆里最开心的几次，都是和损友们一起吃遍大街小巷，烧烤、焖锅、满屋热气，满嘴红油那种，于席间插科打诨几轮，夹到一片上好入味的虾饺，便觉得自己飘到了宇宙中心。

每天被俗事敲打，也会精疲力竭，倒不如做个懒人，被淹没在可口的食物里，品悟出千金不换的幸福。

鸡汤永远都在歌颂"女强人"，歌颂那种严格把控赘肉、周末永远读书看展上健身房的新时代女性，可我不想24小时地披戴着美好品质，我偶尔也想瘫着，想丧气，想因为吃到了最爱的高热量食物而好好开心一把。

若是人生越活越没办法痛快，还是多在胃口上面，放过自己吧。

我真的不想再挨饿了。

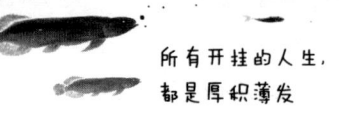

所有开挂的人生,
都是厚积薄发

我不想再有趣了

就我感觉,"有趣"已经快上升为成年人刚需品质了吧。

从18岁到21岁,我在上海读了四年的书,见识了许多好玩的女孩子。学校在郊区,进城两小时起,不过对她们阻碍不大,地标、话剧、网红店、艺术展,个个都是要去的,人山人海也没关系,"虽千万人,吾往矣"。她们像给羽绒服塞一团又一团柔软的棉花一样,向平实的生活里填充许多明亮的、饱满的片段。

你能说是做作吗?不是的,至少我看见她们费尽心思po出展览一角的近景,搜罗出相配的诗句或者歌词发在朋友圈时,我知道的,她们在向"有趣"努力。

我欣赏她们活色生香,但我本人对这些事了无兴致。

后来认识的朋友,一听闻我在上海读书,都会问:"你看过什么展呢,听过什么音乐会呢", 我便直说: "很少, 几乎没有。"

对方惊讶后难免又要来一句: "那你会看很多书吗?"

我摇头道: "不会的, 没时间, 也懒。"

说实话, 我知道他们想听什么, 我太知道了, 我应该掰掰手指头: 最近在读民国史, 偏好林徽因的笔触, 或者最近喜欢文艺批评, 刚刚看完一本阿诺德。

我相信, 能把这些轻飘飘的内容抒出来的那一刻, 我会是有趣的, 至少我把自己灵魂的切面多透露了一层, 多牵出了一丝深沉和狡黠。张口闭口只知道什么圣诞限量口红、香水、商场打折的女孩子, 就像单薄的纸人一个。

可问题在于, 我其实……压根就不想有趣。

我以前去参加"有点文化"的人的饭局, 非常怕自己说话"不有趣", 显得一板一眼, 又没劲儿, 于是在觥筹交错的宴席上, 饭也吃不好, 只想跟上那些"有趣的灵魂", 和他们烹饪情怀, 说小姑娘们何苦追星呢, 说彩妆哪里爱什么少女心, 不过是营销, 说为什么大家都喜欢听那些千篇一律的情话呢, 明明空无一物。

没办法, 有趣必须要比无趣清高、聪慧。大家都迷的事儿你也迷, 当凡人还好, 想当"有趣的灵魂"? 说不过去的。

我以前喜欢一个人的时候, 和他聊微信像应考一样, 要聊得热气腾腾才算好, 所以必须干净利落地接住他的意与梗, 必须抖个漂亮的机灵, 多少也要金句频出吧, 让他觉得"这姑娘聊来OK", 要是只会"哈

199

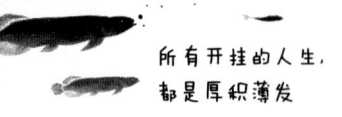

哈哈哈哈哈"或者不停冲他发熊猫头，那一定完蛋了，拜托，喜欢他的小姑娘那么多，你脸蛋上已经吃亏了，灵魂上还不赶紧补一截？

但其实……我一点也不想这样啊，我想像一只烦人的、毛茸茸的小动物一样，甩着尾巴跟在他后面，絮絮叨叨地告诉他：我今天中午在食堂吃的剁椒炒肉味道不错；我做 pre 的时候念错了一个关键单词，真的很糗；我看见×××口红的333色号断货了；我昨晚梦见了林更新，害我早上不太愿意醒来了。

可我不敢向他说这些。我知道这些都离"有趣"太远了，谁愿意听我讲流水账呢？虽然我真的很想讲。从前我觉得：满身无意义的琐碎，哪里该抖落给别人？

我大一刚刚进乐队的时候，听过的就只有简简单单的流行乐，满大街都会放的曲目罢了。后来我去找几位已经组建好乐队的成员，想跟他们认识，他们在我去约定地点的路上发短信问我，听过痛仰、万青、后海大鲨鱼吗？

我说我听过。

……我当时一首都没听过。我只是不知为何，觉得一脸天真地回答"没听过哦"，是一件鲁莽且愚蠢的事。要怎么告诉他们，我只听"满大街都会放"的歌，还不觉得它们口水呢？

我怯于承认人生的浅显，我羞于接受自己庸常的内在。

但我一直以来真的很想做那种，能与自己的"俗"和平共处的人；做那种哪怕对着不熟悉的人，也能面无异色地说出"我呀，就是爱财如命"的人；做那种即使什么名著都不懂，什么乐器都不会，什么文艺汇目都没去过，也依旧不为此赧然的人。在别人争相变得有趣的时候，我悄悄地，但心满意足地，往后退一退。

你们尽管去有趣吧，我去做那个无趣透顶但活得舒舒服服的人。

朋友问我，2017年你最大的收获是什么？

我想了想，说："坦然。"

坦然地接受自己只是个普通人，不是学者、文人、仙风道骨，坦然地接受自己只会因为好看的脸蛋或者大把的金钱而开心，坦然地接受自己既没本事考律师证、建模型炒股，也没兴致学做烘焙、插花。

令我血脉贲张，感到"不枉一活"的时刻，也不过类似于逛街结束打车回家，一位同伴提议不如掉头去吃巷子里的夜宵，有一家营业到凌晨三点，味道正宗得很。

我是个彻彻底底，在"俗"里面浸泡的人。现在我倒是活得随心所欲，想什么说什么，不知道的就是不知道，不喜欢的就是不喜欢。我不想绷出一副人人称颂的精尖模样了，这是我最为自己骄傲的地方。

从前我也明白自己正儿八经就是个俗人，只是从前觉得，"俗"也算一项罪名。

哪里算呢？这个世界最好的状态，是它允许在其间求生的每一个人，自由地生长，在不妨害他人的前提下，以他自己最能从中取乐的姿态，活下去。

不用再附和着谁说"我也看过那么几本弗洛伊德"，一边打开手机看百科，一边心里忐忑了。可以大大方方地问出那句："弗洛伊德是谁啊？我没听说过哎。"

——到这一天，你会比以前都自由。

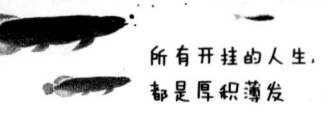

人生没有那么多侥幸

我认识一个姑娘,《欢乐颂》中曲筱绡定义樊胜美的那个词——"捞女",我觉得很适合她。

叫她齐霏吧。

我第一次见齐霏是在一次小聚餐,我目光扫了一遍陌生的脸蛋儿,不自觉地,就落定在她那里。

讲实话,真好看。

柳眉凤眼,鼻峰秀俊,口红把嘴唇轮廓勾得精巧,仪态很是讲究,几勺浓油赤酱的菜品入口,边沿上也没有误留些微的绯红。

当时我们不过才都十八九岁,酒足饭饱后,最爱往外抖秘密,一个接一个,停都停不下来,要跟人比拼人生离奇,但齐霏不会。

她讲话会兜一点圈子,但也兜得诚恳,油滑气有,好在不重。总之不像那些几来几去就袒露心胸的 20 岁小毛孩子，也不像那些城府一圈一圈深得绕不开的中年人，齐霏身上，是很让人舒服的世故。

当时我就在心里想，她肯定花大功夫琢磨过、练习过，怎么披戴优雅，她一定已经郑重地告诫了自己，知道怎么言，怎么行，才能换来讨喜的轻巧，跟我们这群新鲜得枝头乱冒的小芽不一样。

而这不是家教，是她的自觉。说到底，正如我之后发现的一样，齐霏不是什么白富美女神。

不久后我才发现，她的目标一直是，嫁个有钱人。

我前面已经说过，齐霏可是很会社交的。

怎么嫁个有钱人呢？首先你要认识有钱的圈子。在大学里的富二代不太容易找，总不能冲到人家面前问银行卡余额吧。

齐霏有策略，她知道播音主持这种系，高富帅是相对多的。她先拿大量天南海北的饭局，搏出和播音系学姐认识的机会。

她对播音系学姐很好，很快就相熟为七八成的闺密。播音系学姐快过生日了，她第一个准备好了礼物，一瓶近千块的贵牌香水。学姐想到平时跟她也有不少交集，便邀请了她去生日会，哪怕齐霏跟她邀请的其他同学都不认识。

"其他同学"里面，自然有很多播音系的男生。一群人欢闹一场，临散前，终于有男生要了她的联系方式。

但别说这是什么"王子爱上灰姑娘"的戏码，齐霏那天穿得可不像灰姑娘，她背了一个我都不知道从哪里来的 Gucci 包，今年流行的、

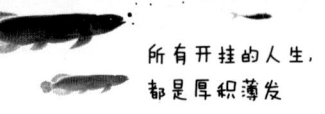

logo 上叠印花的那款。

——朱门酒肉臭,进这金光闪闪的朱门前,得补妆。讨要上层社会的门票,你总不能太衣衫褴褛。

要她号码的男生我恰好认识,家里做房地产的。也正是他,告诉了我齐霏是怎么跟他谈恋爱的。

男生一开始追齐霏的时候,齐霏很有分寸,又内敛,又矜持,信息永远隔 20 分钟以上再回,该说"我去洗澡"就说"我去洗澡",邀约也总隔三岔五拒绝,连理由都非常漂亮,譬如说"我这周要跟小姐妹们在静安住酒店呢"。

都是成年人,玩的不是交换糖果的游戏,对吧?扒开礼貌的迂回,看那情意的内胆,都是些锱铢必较的戏码罢了。

既然齐霏入的是艰难的拉锯战,姿态就要拗得十二分好看,哪怕胸口这颗小心脏,已经激动成了跑马场。

男生是用尽了甜言蜜语才成功的,再加一套香奈儿的护肤品,送的时候男生坦白,"我也不懂你们女生喜欢什么牌子,就随手买的,可能不算贵吧,但应该不会出错。"齐霏听到"不算贵",心里一喜:终于有金库追上门来了。

对于我这样的看客来说,那之后的一段时间,齐霏的朋友圈实在奢华,落地窗餐厅、人均 2800 的米其林、希尔顿的洗漱间、最新款的华伦天奴。跟她打过几次照面,齐霏完全满面春风,晃得灰头土脸的我有点睁不开眼。

但一切也不是100%的好。

我那段时间在实习，有一天在回学校的地铁上看见了齐霏的男朋友，正准备打招呼，才发现他手里挽着的，是我不认识的女生。

但齐霏男朋友那种圈子，像这样的事他们不会往心上去，甚至见惯不惊，更不用说愧疚了。后来我知道男生那天补送了齐霏一条Tiffany的项链，我猜对有钱人来说，这是他最后的仁至义尽。

我猜，只是我猜，齐霏是未必能接受这种玩法的。我纠结了好久要不要告诉齐霏这件事，当天却看见她在朋友圈秀恩爱，说男朋友也是太爱自己了，为了求和给自己送了亮闪闪的Tiffany的项链。

我就也不好再说什么话了。

但我更觉得，比起男生"向来就不认真"这种解释，更好的一种是，男生早就发现了齐霏的家境根本不是可以随手背Gucci那样的，于是也就对她的来意，揣测到了八九成，觉得她好打发，那么行，甩串项链儿得了。

又或许齐霏也知道，男生眼中的她也就是一根勺子，兴致冲冲的，只是为多打捞富裕的油水。她很懂的，自己不能对男生的三心二意过于苛刻。

不对等的恋爱里，你是不能求开明公正的，既然对方给了你很多你本配不上的东西，就别得了便宜还卖乖。

我没有告诉齐霏，但很快齐霏还是分手了。分手是在一家嘈杂的小面馆，男生先吃完了面，说这段时间我对你也挺好的吧。齐霏使劲点

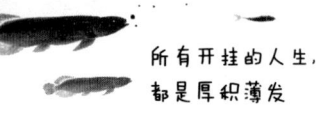

点头,给出很柔软的一个笑容,男生说那也差不多了,你应该找个真的爱你,真的愿意陪你吃很多很多次这种小馆子的人了。

齐霏不说话了,拿起纸巾擦眼泪,她问"为什么呀",男生答:"你还不清楚吗?"

随后他扬长而去。

我始终觉得,一个人再怎么把企图心包裹好,再怎么遮掩,也还是会漏出线索。分手的这两年间齐霏接着换了一个又一个家境不错的男朋友,唯一一个没有车的男朋友,她两周就甩了。

我安安稳稳地谈着我的恋爱,跟齐霏关系还算好。

某次谈天,我说我已经见男朋友家长了,她旋即脱口而出"他家有钱吗",问完后察觉到自己有些失态,才赧然地冲我笑笑。

齐霏是我认识的人里,最努力地实践"嫁给有钱人"这个目标的了。可是没有用,美貌没有用,充门面的Gucci包没有用,故作矜持的计策也没有用。

齐霏真的不懂,人与人之间有段位相分,只逛快消店和只逛奢侈品的人,倒不是不能在一起,只是那鸿沟太大,大到两个人连基本的生活观都契合不上。

在上海这里,在我所听闻过的故事里,还有很多个,很多个不同版本的齐霏小姐。

其实我很想劝拿青春做跳板的她们收手,但每一个齐霏,心里都有那么一点点侥幸,觉得万一呢,万一自己就掉在了凭借爱人衣食无忧的童话里呢，所以她们仍旧要拼，要想很多的办法，要用很多的手段，嫁给有钱人。

但最后往往不能如愿。

为什么？是她们不够美，不够聪明，不够举止得体，仪态万方，还是她们不够乖，不够忍让，不够包容成年世界里界线瘫软的游戏？

都不是。

——你嫁不了有钱人的原因只有一个，那就是你自己不够有钱。

很希望她们能懂，纯粹的爱情只会关乎两个相似的人——我们讲门当户对，是因为相爱不是做慈善，不是我把买不起 Coach 的你，拉到每月五位数零花钱的生活水平。就算真找了一座金山，你也是保不住的，他前 20 年纸醉金迷的生活方式你都不了解，你要怎么才能"吃相不难看"地拴住他？保住了吃相，你还能保住地位？但连吃相都保不住，你可能就被永远逐出大门。

跨越太多差距的恋爱，是暗礁丛生的，本质上来讲，你是不会懂他的，他也不会懂你。

你从来没富过，他呢，从来没穷过。

没有人过得跟朋友圈里一样好

我感觉就我有这种感觉：我是我自己朋友圈里，过得最窝囊的。

大家都滋润，都在满世界晃，周末看展，小假远足，近的新加坡，远的马德里，随手一划，几个朋友约好了自驾，在黄昏的沿途放歌；再一划，几个朋友一起跳篝火，十秒钟的小视频里，溢出吵吵嚷嚷的热情。

好像全世界，就我一个人每天待在屋子里，浪费着大好青春。

还有旗帜鲜明的另一批，是一些成功人士，今天讲座，明天发布会，后天又是一个 team 做建模，或者健身打卡，去人才学院，要么就是反思——"这次为什么只拿了二等奖学金"。

但是，即便我偶尔为朋友圈感觉挫败，心里也总隐隐有一股声音，叫作：表象未必本质。

我曾经有个非常崇拜的学姐，她几乎是自己校内参加的所有部门的 leader，从学生会、社团到公益组织，她最低也是个二把手。由此朋友圈里，经常指点江山：今天带小朋友们办了场晚会，明天去了院里的人才特训班，后天赴一场干部培养会，又过几天，评上了什么十佳女大学生。

但她后来的结局，很出乎我的意料。

大三的时候，她没争取到保研名额，考了研，但是失败告终，辗转一通，落地在一家很多人从未听闻的小公司，郊区跟人合租，从前的光环一个不剩，成了人群里最寻常的一个。

想了想，其实不奇怪：忙于学生工作，无法关心绩点，自然争取不到保研名额；履历虽然漂亮，但用人单位又未必看重，更何况考研失败可能已经让她错失了校招的最佳时间。

所以，从万众瞩目的"高"，到泯然众人的"低"，并不是一次大跳水，而是延绵的，连续的，因生果往，都在其中。

只是朋友圈太容易让我们仅仅把看见的，当作真相。

最近我认识了一位姑娘，跟她不熟，唯一交际就是朋友圈点赞。

她的朋友圈只需要用"熠熠生辉"四个字形容。每天跟很多媒体人打交道，去各种发布会、首映礼，节假日又都是和杰出人士的聚会。

她确实没什么炫耀心态，每天平淡无奇地在朋友圈分享，只不过像我这样活不出一朵花来的凡人，会看得眼红。

后来几个都写东西的人拉了个小群，有一搭没一搭会聊两句，渐渐就熟了。

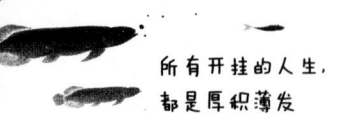

所有开挂的人生，
都是厚积薄发

有个深夜我在朋友圈说，最近苦于人情倾轧，累得直想脱胎换骨，"雇个人替我活算了"，没料她看到后立马私聊我，说，她也是。

我有点不信，我说你的生活已经很让人羡慕了。

她发了个摇头的表情，说："有什么好羡慕的？"

她前两天发了条朋友圈，是在一家五星级酒店里的 APP 发布会，那条我还点赞过，内容是"有幸受邀来×××学习参观，见到了仰慕已久的×××老师，受益匪浅的一天"。

配图上她很美，丹眉凤眼，妆容精致。

但她跟我说，那天她其实非常难受。发布会是在傍晚，下午她急躁躁地赶了两篇稿子，跟甲方拉拉扯扯许多个回合，还是没谈好价钱，再然后呢，她男朋友又因为她忙着，没回他消息，幼稚兮兮地，怀疑她不忠。

她直接截图告诉他男朋友："你看我微信里，全是乌七八糟的工作琐事吧"——结果对方把她拉黑了。

这架还没吵完，鼓着一肚子气，还是要挑好衣服，化好妆，准时准点赶到发布会现场，选最完美的角度 po 出去，笑从容一点，再从容一点。

然后，在朋友圈几千好友的印象下，她又度过了成功不已的一天。

谁的生活都不会是一首诗。

朋友圈里大家都竞相展示成果，然而在按下发送键的同时，那些精美修饰的照片，已经替你把从前狗屁倒灶的破事一堆，一笔勾销。

人人都以为你过得好，因为你已经把不好的过程，藏在了微信这个庞大的 APP 够不到的地方，你只甄选最上镜的那段日子，像是给你的生活做一期又一期剪报。

最严重的是，在朋友圈里人模人样太久了过后，连自己也会错误地拔高对自己的预估。

我以前经常在朋友圈发自己最近的 KPI，哪篇文章有千万阅读量，哪篇文章转载次数多，哪个出版社找过我了，哪个活动邀请我了。

这架势，像要踮地起飞了。

可是私下跟同行们见面的时候，我又会深觉自己才疏学浅，朋友圈里每天求赞为何呢？半壶水响叮咚罢了。所以再后来，每当有人冲着我说"我觉得你真厉害"时，我都很不是滋味。

我想摊手告诉众人：其实，我过得没有朋友圈里那么好。

更何况，从没人知道，我写不出稿子的时候，一个字一个字敲键盘，改了删，删了改，多煎熬。

生活毕竟不是糖罐儿，在我们发出来的那些小小的闪光点背后，是漫长的苦海。

朋友圈照片都是真的，可是这不等于生活的真相。

旅途中好几天风餐露宿的辛苦，只需要花心思搭配高级滤镜，就可以美化成"年轻有梦，敢作敢为"；努力学习了 365 天，无数次形单影只地进出图书馆，但发一条拿奖学金的朋友圈，众人都出来称赞：天生聪慧。

甚至是，十天的抑郁，只要有一天的开朗出现在朋友圈，你便觉得那个人呢，年年岁岁都开朗。

朋友圈是一种选择性呈现，只呈现出那颗珍珠，剩下的沙子，他们慢慢吞下去。你今天看到朋友圈里的他们笑容满面，可每个人的轻盈，都不是空中楼阁。

每个人都为了少数的、短暂的轻盈在咬紧牙关。但是那些咬紧牙关的时刻呢，不应当在朋友圈里。

——应当在占到生命90%的，闷声埋头赶路的途中。

快乐应是一件微妙又自然的事

前阵子上映的《深夜食堂》有这么个镜头。

吴昕饰演的伊丽莎白，一个腼腆女同学，在吃到自己点来的第一口泡面后，双眼圆瞪，深深为这美味陶醉——那副表情，据朋友形容，是她只在"早上醒来发现卡里多了两百万"过后，才会有的。

朋友还说，一碗泡面就能开心成这样，是个十足的 cheap 女孩。

纵观周围，多少女孩一身豪气也一身稚，在欲望场里狩猎，雄心快要飘到宇宙中央，cheap 女孩却不。cheap 女孩们人生阈值很窄，盛不下多少惊涛骇浪。她们守着一方小池子，就连细风捎来的涟漪，也会认真端看与体会。

我一直蛮喜欢我朋友圈里一小姑娘。2013 年她开始上一个普通的大学，近年来都没大变化，跟我们分享的生活，始终是零零散散的：

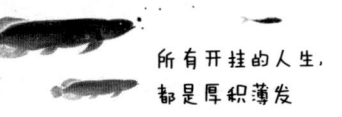

**所有开挂的人生，
都是厚积薄发**

排队买到了自己爱喝的奶茶，跟老朋友聚了一顿火锅，抬头看图书馆外的云有着什么奇异形状，或者自己脚上的刺绣乐福鞋，哪天碰巧跟商场地毯很搭配了。

仅从朋友圈来看，宏图伟志是没有的，只有微小的快乐，掉落为平淡日子里的星点。像被关进命运的琥珀，时间在她那里，都融化成温柔的胶质。

我也曾是这样的姑娘。

我在大学的头两年，是真正的一无所有，但开心，穷开心。玩过乐队，没玩出派头；写过书评，没坚持下去，但也不必要坚持。我只担心校门口那家炒饭，今天下雨会不会收摊，如果没收，撑把伞，踩着雨声就去。

那个时候我跟男朋友吃人均 50 块不到的小火锅，滋味不说鲜美，至少量足，食材们在锅里"熙熙攘攘"，色相上乘，每每吃到肚子圆鼓鼓了再打道回府。打着饱嗝牵着男朋友的手，等红灯的时候索一个静悄悄的吻，全世界的甜都灌进我胃里。

是个 cheap 女孩啦，有什么好开心的吗？其实是没有的。摊开手掌抖抖袖子，里面什么都没有，只有窜出来的一阵风。

年少时期的爱恋，是跌跌撞撞站不定的年少时期的未来，是混混沌沌探不明的。但我们天真无邪的日子，像为一碗泡面开心得瞪圆了双眼的日子，总是在年少。

我们是浅海湾里一扁舟，漂荡在天朗气清里。

人的一生都活在错位之中。

像我一无所有的时候，只怪自己太闲，渴望做个成功人士，直到自己工作缠身，很多个晚上单独住在陌生城市的酒店里，也会觉得遗憾，怎么一切看起来都没劲透了。

我曾在冬天跟朋友一起裹毯子，放着 future bass，零糖可乐倒进高脚杯；我曾在夏天的雨夜搭末班地铁，奔进城区喝了几口桂花酒，讲着热络话晃在街头；我还曾在秋天徒步走完凌晨的一条又一条马路，那时身体比现在好些，心脏不会因为熬夜而在胸口轰隆作响。

但所有这些电影情节般的、瑰丽的片段，在我看来只是蜻蜓点水。我会去亲历它，我是它的构成者、撰写者，但平时拉扯着我们的，让我们为之神经紧绷，或痛哭流涕的，都只是些与成年、与安身立命有关的事情。

你会为即将得知上海新的落户政策而如坐针毡；你会害怕今天跟圈内前辈的谈话哪个用词显出不礼貌；你会看很多成功学书籍，为手里的工作充电；你在下班高峰看不见轻轨外的晚霞，所有卑微的、低着头的身躯，挡住了它。

你曾觉得房租、水电、蔬菜的市价是永远与你无关的成年人的杂碎，但它们突然就降落到你头上。

再慌再乱，你也要接好。

20岁后再看毛姆的《月亮与六便士》，是很震撼的，斯特里克兰德在成家过后的"背叛"触目惊心，因为见惯了利益清算的场面，我们难免觉得任性的出走，是一种逃亡。

跟光荣与否无关，跟天上的月亮有关。

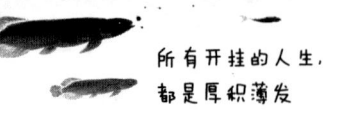
所有开挂的人生，
都是厚积薄发

回到开头。有一天我那个说伊丽莎白是 cheap 女孩的朋友，找我聊说，自己也好想当个 cheap 女孩，会为一碗泡面开心不已的 cheap 女孩。

我说我也是。

写作这么久，最大的感受是，事业是可以追逐的东西，快乐却不必是一件需要"追逐"的东西。快乐应该是像一根羽毛掉到了鼻尖上，是像这样微妙又自然的时刻，你总不能为了变得更快乐，而跑去重金购买大堆大堆的羽毛。

这就活像一个铺了 24 层床垫，也忘不了身下那颗小豌豆的可怜人。

我倒是好想回到那种所谓"cheap"的年纪，会为了手中的一碗餐食，放心沉浸，会让幸福一笔一画地洋溢在脸上。

也好想回到那种攀过了围墙看晚霞的年纪，那种跟朋友在饭桌上讲些不着边际的胡话的年纪，整个世界不断旋转，旋转，缩小，缩小，最后只剩那个酒杯，它倒映出每一个未被生活摧残的脸庞，跟日出一样亮。

那是年少人的脸庞。

Chapter 5

去谈一场舒服的恋爱吧

所有开挂的人生，
都是厚积薄发

想谈一场舒服的恋爱

闺密尘埃落定了。换了新男朋友，圈里一阵唏嘘。

我们一起吃饭，我努努嘴差点想问她：大小姐这次什么画风啊？

新男朋友很不起眼。格子衬衫工科男，就像桌上角落里那盘儿水煮青菜，健康而寡淡地躺在那里。

可是你知道，大家都是不爱吃的，年纪轻轻，筷子都落在锃亮油腻的大鱼大肉上，要选滋味浓厚、让舌尖战栗的。

这次大家之所以唏嘘，是因为这个男朋友，跟闺密之前的几个高富帅比起来，实在不那么熠熠生辉。

她以前是跟男朋友满世界秀的，开着奔驰在沿海公路亲吻，车里放 David Bowie，拍情侣写真，好的时候你侬我侬，吵起来又惊天动地。所以这次的选择就有点……怎么说呢，像是吃辣吃到忌口，换了盘儿青菜。

但我注意到一些细节。

男生话不多，安静地听我们拉家常，在我闺密碗里的菜少一点的时候，他会一言不发帮她夹上。我闺密稍微说了句"口渴"，男生立马多拿了一个小碗，把汤帮她盛上，还记得先晾一会儿，免得烫口。

出了餐厅门，秋天的开头，晚风有点儿冷，男生细细地摩擦闺密的手背，轻声问她要不要现在加件外套。

所以，一顿饭下来，我也差不多懂了，闺密为什么选他。

我闺密美，是美到可以满足男生虚荣心那样的。她以前的男朋友，总是喜欢把她带到深夜的饭局，在自己的兄弟面前加足马力地介绍她，然后吹牛，起哄。

我闺密为了给男朋友面子，盛装出席，穿高跟鞋，脚很疼。也不太想一直闷在包间里，但没办法离席，无论如何要陪着这一群人，口不对心地言笑晏晏。

在新男朋友面前的闺密，白板鞋，大T恤，披头散发，只着淡妆，偶尔被男朋友逗到大笑，男朋友也宠溺眯着眼，绵绵地看她失态。

作为女神，我闺密紧绷了太久，唯独遇见这位先生，她高傲的阵地才撤退。

幸福的人是柔软的。

有朋友问我，你理想中最好的爱情是什么样的。

我说，大概就是……外面阴雨，我们俩一起缩房间里红酒配薯片吧。

所有开挂的人生，
都是厚积薄发

别来什么高谈阔论，指点江山，我们不是马上就能升职加薪买上房登上报的有为青年，我们就是丧气虫，只想一起眨眨眼，甩甩无聊段子，抖抖无聊包袱，无聊笑几声，再无聊地捏捏肚子，但这样的时候，再简单的一袋薯片，也装进了一整个宇宙的甜。

在外面打拼得太久，表演得太完美，也太周全，那么相爱就简单一点好了，就粗糙一点好了。开心，我们只要开心，我们只要一起瘫成两块舒舒服服的五花肉。

谈恋爱真是蛮俗的事了，至少我这个年龄段对恋爱的憧憬，其实一点不沾精英气。我从未幻想外滩旋转餐厅里两人相对无言，我一身绸裙，他古龙香水。我心目中呢，相爱不过是，把那些星星点点的小事，都沿路打翻一遍。

你陪我去小吃店，去街边的水果摊儿，我懒到恨不能穿睡衣见你，你撩我的下巴，捏我肉嘟嘟的脸，一边说着减肥，一边嚷着胆小，却要跟你晚上关东煮，深夜恐怖片。

太俗了，就是想跟你好坏不分地赖在一起。

朋友说，她曾经喜欢一个人，就是因为跟他在一起舒服。

"首先是，他很会照顾我，细致入微的，春风化雨的。然后是，他逗我笑。再然后，我跟他在一起，无论如何都不尴尬。哪怕面对面玩手机，也不觉得这沉默如鲠在喉，反而是开心。"

我朋友曾经的理想，是做个浮夸得不得了的，"拖着 Rimowa 背着 Kelly 包在头等舱敷 SK-II 眼膜的 office lady"，所以她从大学开始就努力得简直惊天动地,四处跑社团,打比赛,大三去陆家嘴实习,加班到凌晨,第二天八厘米高跟赶去酒会,大四火速拿下 offer,又孜孜不倦地关心绩效跟排名。

总之她只有一个信仰,就是优秀,无可救药的优秀。

但是爱情呢,让她想缩回去。是的,缩回去,不用看那么广阔的天地啦,也不用每次都拔得头筹抢第一啦,雄心都收了起来,就想窜到男朋友后面,当一只猫。

你给一点猫粮,我就喜悦一整天。

在你面前耍混,在你黑色的风衣外套上留下几根毛发。

要你顺向摸我的脊背,要你躺沙发上挠挠我的肚皮,说你真可爱啊。

真的很想谈一场舒服的恋爱。不折腾了,不去算你还能和我在一起多久,不去猜你曾有多少走马观花的过去。

我们就一起共度,最琐碎、最漫长甚至最没意义的人生。

反正我喜欢你,喜欢到你肚子上的肥肉,我都觉得可爱。

我们呢,不吵架,不要计较那么多,你别嫌我一个月买五个包,我也不催你,四处报班考证。我们呢,好好说话,好好吃饭,好好道晚安,互赠无条件的关心拥抱,每一次共枕都想象白头到老。

像我这样的凡人,正好需要你这样的庸人。

我们呢,就谈一场最舒服的恋爱,不那么纠缠,不那么浪漫,不那么刻骨铭心,可平淡得让人割舍不下。

这样,就好。

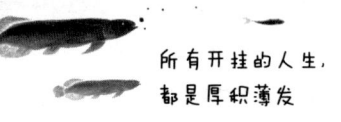

所有开挂的人生，
都是厚积薄发

藏在嘴边的爱

我看《欢乐颂2》的时候，很喜欢曲筱绡和赵启平这一对，觉得他们跟寻常的痴男怨女不一样，是脱离了高级趣味的一对儿。

赵启平按说该配一个书香门第大小姐，谁料遭遇了要赐他九九八十一难的曲妖精；这个妖精，不学无术，硬把赵启平从"高雅"的神龛上揪了下来。

两人每天在一起的交流，是黏腻且幼稚的情话一通讲，是几个老梗抛来接去，打情骂俏。曲妖精天天嚷着吃唐僧肉，真是俗气得不得了，每次都鸡皮疙瘩惹一身。

可我特别羡慕他们每天轻松又没包袱的聊天，特别羡慕这种俗气兮兮的恋爱。

恋爱是什么？就是两个俗人，心无杂念、漫无边际地聊天呀。

我喜欢过这样一个人，会每天跟我报备日程，热气烘烘地跟我聊，什么时候做卷子，什么时候修车，下雨提醒我带伞，天凉提醒我加衣。

只是有时候，我兴致勃勃地跟他讲 A 时，他却急急忙忙转向 B，或是很快截断话题，再或是借口自己要忙，平白消失好几天。你火急火燎地等，他再回来找你时，又像是跟你不认识一样，变得寡言少语。

反复几轮很受不了，托人打听他的情况，才知道他同时跟很多个姑娘在聊天，所以根本顾不过来，当时还不流行微信，那种给我报备日程的短信，他都是群发的。

也算是为了泡妞斥巨资了。

我那时年轻，不生他的气，只是难过，会觉得什么时候他才能单独跟我聊几次天呢，说些什么都好，说他做了一套很难的模拟题，说食堂今天的菜粥不如昨天喝到的鲜，说他有哪些哥们儿，什么时候约了他打球……什么都行，只要是专程说给我的，我都听。

等消息很煎熬的，像等待一道你和他亲密与否的判令。

实在是无法认为，一个连跟你聊天都不愿意的人，是爱你的。

前阵子在杭州跟一个女孩子逛街时，她一直跟男朋友聊着微信，男朋友在北京逛宜家，每看见一样喜欢的东西就拍下来对她说，哎，这个怎么样，女孩子就会幸福地回过去"你看着买啦"——或许有人会说无不无聊啊，甚至有厌烦感，但我就会觉得很感动啊，爱不就是分享琐碎么？

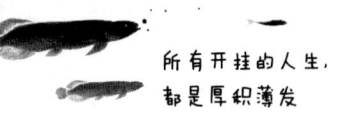
所有开挂的人生，
都是厚积薄发

爱是突然翻涌起的这样一种冲动，是想立刻跟他分享，他不需要做什么精彩绝伦的点评，随便回回就好。我只是非常想念他了，非常希望跟他分享我琐碎凡俗人生里的种种，我这里的每一秒钟，都好希望有他来陪伴，每一份喜悦哀愁，都希望有他与我均摊。

一个小学弟在刚刚失恋的时候，曾找我寻求开导，我噼里啪啦讲了一堆大道理，他说好啦好啦，我感觉好多了。结果聊天结束后五分钟，他又发来一句："我不行了，真不行了，一翻到跟她以前的聊天记录，就又太难过了。"

从以前像小两口一样细细密密地谈天侃地，聊天框里有自拍、视频、卖萌表情包，到最后剑拔弩张，心碎质问，或者直接隔上好几个小时才寥寥两三字……聊天记录里，藏着爱与不爱的铁证。

这世间所有亲密关系的崩坏都一个样子，是从无话不说，到无话可说。

翻开情侣们的聊天记录，其实讲的都是<u>些</u>小事情呀。

"这家店下周日处女座半价啦。"

"我在楼下看见了一只小白猫，肚子圆鼓鼓的，不知道是不是怀孕了哎。"

"这节课老师一直拖堂到现在……"

年纪越大越发现，感情这件事，真是被现代人心里弯弯曲曲的条框定义得太高深了，也被外物掺混得太冗杂了，所以才会很希望谈一场，足够俗，却足够简单的恋爱。

聊过去，聊现在，聊未来，什么都聊，坦诚敞开，将各自的苦痛与光源，一并请出来展览。从此我们知道了对方的秘密，我们是命运面前的盟友了，还拜托这相伴的一路上，开解对方的牢笼，宽宥彼此的懦弱。

喜欢一个人，是看见对话框顶部的"对方正在输入……"，会无比安心的。

抱着手机等消息，是十足虚弱的一件事。随着时间流逝，你盯着空白的聊天框，迟迟不见那颗小红点，会越发如坐针毡，仿佛每一秒钟过去，都有钝重的脚步踩在你心上，愈柔软处，愈生疼。

可你若是主动发消息打破沉默呢，似乎味道也不对。

真正喜欢你的人，不会让你承受这种折磨的，他总会在你面前滔滔不绝，你们会聊到对彼此知根知底，聊到拥有了专属于二人的话题，聊到每天不向对方啰唆和唠叨几句，便心里空落落。他会热烈地奔向你，奔向你，聊到你困了，倦了，再轻轻道一句，满是爱意的晚安。

他是爱你，才愿意像个孩子一样，跟你喋喋不休的。

所有开挂的人生，
都是厚积薄发

想晚一点遇见你，在不那么容易丢盔弃甲的年纪

王菲跟谢霆锋复合新闻的评论区里，我最不能理解的言论是：这么大年纪了，竟然不做该做的事，不好好带孩子。

我就忍不住想啊，王菲哪里错了呢？剥离掉一段结局平和的婚姻，人间繁荣走过一遍，光芒落满一身，仍要在生命这袭华美的袍子里，笑颜盈盈，对付平凡爱情这种琐碎的虱子。

我猜想，在有些人眼里潇洒相爱算罪证，或许不过因为：年轻时代的他们最宣扬潇洒相爱了，却被伤得最深。

我认识一个朋友，人很健谈，脾气蛮好，却跟我说"和女朋友老是吵架"。他的大学很不怎么样，拿文凭没法吃饭，好在他是个肯吃苦的人，大二就跟着通信队下乡修电缆，兼职送外卖、快递，早早在外租房打拼。

"我工作没法抽时间陪她争吵;我知道她很不满意我租的房子;给她买了贵点的礼物,她也觉得我东拼西凑的,太心酸了。"

但我没法否认她们相爱。毕竟"床很窄但可以拥抱啊／没有装得下 3D 电视的客厅／但可以靠肩膀上讲悄悄话啊"。

年轻的我们都不觉得爱有先决条件,爱就是爱本身呀,管你踩不踩七彩祥云,哪怕你来的时候是大雨倾盆,我也出门接。

男生打电话告诉我他们已经分手的时候,我在租房子写书。分手的原因连男生自己都说不出来,好半天才概括一句,就是日子过久了,越来越没激情,一点小小的争执,都让人不想继续下去了。就好像是,身体的免疫系统坏掉了,那么最终致命的就不是重症,可能只是一个小喷嚏,以及惹出来的一场小感冒,仅此而已。

其实"一无所有只有爱"的日子,说起来美好,真正过下去却是满脚的泥泞。星空谁都可以仰望,但低下了头,有人穿皇室华服,骑矫健白马,有人却足踏薄靴,衣衫褴褛。

所以在王菲的恋情里,我最羡慕的,是她有底气的潇洒。

名声也有,面包也有,开过巡回表演,登上过荣誉巅峰,这样的她再去用不设防的心投身恋爱,背后那些多年奋斗而来的馈赠,全是她毫无保留出击的后盾。她站在高地,不是身陷低洼里爱人,也因此可以轻飘飘地伸手,不把两个人的艰苦命运捆绑在一起,不用风雨飘摇的爱,苛求一个熠熠生辉的未来。

更别说,年轻时代的我们天真、莽撞、词不达意,太容易被一点

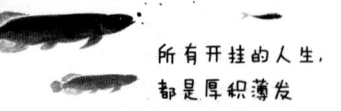

点其实不算什么的坎,绊得头破血流。

所以我有时候挺希望,跟最爱的那个人晚一点再遇到。晚一点,让我在路上已经卸下了无用的骄傲,收敛好了浮躁的心气,在长久的锻造中,不那么害怕艰难不那么容易被打败了,这样的我,才能给你更好的陪伴。

虽说相爱是勇敢者的游戏吧,我还是挺不想拿真心去冒险的。

也不是说一定要金银满钵再相爱,我只是不想在我太幼稚的、太容易为一些无关紧要的事丢盔弃甲的年纪遇到你。我不想彼此折磨,就想两眼无畏,脚跟扎实,有心智也有底气地遇到你。

有基础的才叫潇洒,一无所有却要去拼命潇洒,怎么看,这条路都太险。毕竟逼着一个饥肠辘辘的人去听漫长的交响乐,他脑子里循环放映的,还是那些美味的上乘的面包。

跟朋友讨论理想的恋爱状态,我都讲,我希望两个人各自有不错的事业、稳定的朋友圈。我可以在咖啡厅写完字跟你约在电影院,你也可以在会议厅改完合同打车出来为我送伞,傍晚相拥看一部昏昏欲睡的电影。各自都是战斗得起来的人,都有光环有铠甲,在人声鼎沸的广场,我们跟着人群狂欢过后,有一个踏实的舒适的家可以回,而不是拖时间走大马路,战战兢兢。

我就觉得谈一场强者对强者的恋爱多好,我不太想搀着爱歪歪扭扭地走路,我想势均力敌。

不如等我成熟起来,一点点变好起来,再遇见那个最好的你啊。

Chapter 5 / 去谈一场舒服的恋爱吧

难过不是有比较级的一件事

朋友讲了这么一件事。

她考研，今年年初来学校复试，自认表现得失格了点，问题答得潦草，担心自己考不上了。

那天随行的，有她的男朋友和一位女性好友，她高嚎低嚎一路，"我肯定考不上了"，活脱脱一个刚从言情剧里被热乎乎捞出来的失恋女一号。

但是三人后来决定，不管怎样来都来了，还是正儿八经去馆子吃顿饭啦，结果不上饭桌还好，一上饭桌，我这位复试失利的朋友一口气点了十八道菜，总共三个人，其中两个女生，这十八道菜吃两天也未必能吃完。

交菜单的时候，女性好友碎嘴讲"点这么多干吗"，想删掉几道。

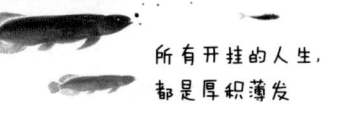
所有开挂的人生，
都是厚积薄发

这时男朋友摆手说："没事没事，让她点吧，她已经够难过了。"

朋友跟我回忆这件事的时候，是在学校旁的一家奶茶铺，她通过了复试，考上这里了，讲起这茬任性举动，语气轻松得很。

但我听得，心里是微微颤了一下的。

我很久以前交过一个男朋友，比我年长，总嫌我幼稚。我又是老哭鼻子的脆弱鬼，刚在一起的时候不敢太打扰他，再难过的时候，只背着他悄悄丧气。

后来我开始给别人写稿，很是遇到些挫折，比如碰上挑剔的，文章一遍一遍被退回，对方一边退一边骂，我委屈得扛不住，打电话跟他说"我好想哭"，他叹口气，很不想应的样子，好半天才讲一句：我谈了好几个月的项目都黄了，就这么点事儿你至于吗？

所以后来，我像偶像剧里那句让人哑然失笑的台词一样——你只要倒立，眼泪就不会流下来——用各色蹩脚的办法，试图堵住难过的倾泻。

那样的时刻，我吃力而孤独。

可是，难过是有比较级的一件事吗？并不是呀。为几个月寿命便夭折的项目难过，和为一篇真切耗费了精力却被否决的稿子难过，哪个比哪个更值得哭一场呢，你是断定不了的。每个人都是赤手空拳地与命运交战，在第几场动了想逃的心，第五十场还是第一百场，不必锱铢必较、判个高下。

在你想要难过的时候，能有人温柔地，不斜视地，接住你的难过，代替这个苛刻的世界纵容你的溃不成军，像是男生的那句"让她点吧，她已经够难过了"——是多么可贵啊。

我在十七八岁的时候，听人讲上海白领女性，个个精致得宛如一板一眼的画报，细细勾与描，人生妩媚。像在外企工作的，上一秒接到男朋友的分手电话，下一秒还是要去卫生间补妆，换上 Jimmy Choo 的高跟鞋，出门去跟客户见面签合同。

没有伤心的时间，没有。你终究不能告诉电话那头的客户"我心情不好，被渣男甩了，今天不来了，要哭到凌晨"。

虽然你真的想过这么做。

我一位朋友，考研没考上，学校结果又公布得晚，被迫在四月份开始找工作。校招都到尾声了，职位紧张得难以想象，她每天天不亮就起床，跑遍上海所有高校，面试面到头皮发麻，半个月过去，offer 一份都没入手。

她打电话对妈妈说，"妈妈，我想哭，我太难过了"，电话那头的妈妈说，一哭起来会没完的，你可千万别哭，咬咬牙就过去了。

她在之后的五月初，工作落定，陪我涮火锅的时候，提起这事。又说，以为自己找到工作会很开心，但也没有。总觉得是当时最想哭的时候，忍住了没有哭，所以现在连笑也不必要了。

上海多数火锅很难辣得爽利，怎么吃都少点尽兴滋味。

——像我们的人生里很多个被迫吞下苍蝇、咽下血泪的关口，它让之后到来的美味佳肴，都显得索然。

所有开挂的人生，
都是厚积薄发

刚刚看见朋友发的一条朋友圈：今天真的很难过，很想哭，什么都不想做了。

但在评论区，她自己飞快地留了一句"抱歉了大家，明天删"。

看得我好心疼啊。什么时候，连大大方方地难过，都成了一种奢侈？

兴许是人越长大，越要当勤奋漂亮的螺丝钉，难过总显得"不合时宜"，因为鸡汤们随时教你振作，教你不要在别人面前难过，那样是对别人的耽搁。我们变了，我们变得连发一条"我好想哭"的朋友圈都小心翼翼，好像难过成了一种根本够不到的权利，成了橱窗里买不起的爱马仕、Kelly，只有闲钱兼备的人，才能拥有它。

但为什么难过要被置喙、被收回、被认为"低级"呢？我多么想痛痛快快地，四仰八叉地，难过一场啊。

是，成功人士们不能难过，也不需要难过，想在名利场举着红酒杯笑，就别因为芝麻大的事儿就哭，就转身。在出人头地面前，难过是何其渺小，小到像一颗衣领上的灰尘，掸一掸，掸掉它，别让你的闪亮登场，惊现瑕疵了。

十七八岁会把差劲的心情写成十几条朋友圈，恨不能全世界都递纸巾给你，吃相是有些狰狞，可谁都曾年少过，谁都曾大惊小怪过，"难过"不低级，它也是我们的一部分。

每一个你想要失声大哭的时刻，后来看上去矫作得要命，但在当时，它就是天降阴霾，就是狂风骤雨，就是突兀的、凶猛的深海炸弹一枚。谁都听不见你的那声轰隆作响，谁也不信平静的水面下有过那声轰隆作响,但那颗炸弹,是真的被投下去过。

在它炸开的时候,我是多么希望有个人站在我身旁说一句——"你怎么了?想哭就哭出来,别怕。"

哪怕是一句,也好啊。

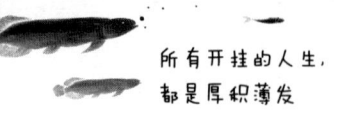

所有开挂的人生，
都是厚积薄发

娇纵，是另一种意义上的残缺

讲一个故事吧。

很久以前，我朋友，我称他为Z先生，立志做摄影师。

我喜欢Z先生这个名号，因为它让你联想起厚重的风衣和锃亮的皮鞋，是坚硬的精英做派，乍听又带点儿傲气凛然。

Z先生平时的生活，是给上海养尊处优的小姑娘们拍照，衡山路落叶，南京路黄昏，延安路上红肥绿瘦的花房与咖啡厅，捕捉一张又一张新鲜的、飘忽的脸。周末Z先生会去看展，票价不高，百来块能逛好几个小时，扛着些"长枪短炮"的相机，发朋友圈要事先回家拿Photoshop调色。

他的家境不算大富大贵，摄影事业出于热爱，可你知道摄影器材都昂贵，每买一件，银行卡余额都被狠狠砍下一刀。

但好在 Z 先生是在朋友工作室上班，待遇不错，偶尔又能接私活钱，金钱上稍微节制就好，不至于举步维艰。让他真正吃力起来的事，是他后来有了个女朋友。

我把这位女朋友称作 Fiona。Fiona 这个名字非常上海，它总能让想起踏着细高跟拎着 Chole 的上班族女郎，跟你谈笑一阵，微风一样。

当她腰肢摇晃晃地走在你前面，留下一股若有似无的甜香，你就始揣测，她是否浑身上下都价值不菲。

Fiona 自己月入一万，普通水平，但眼光不普通。年纪轻轻，皮囊，却过得入不敷出。第一笔工资就买了 Balenciaga，租房押一付三的钱是找朋友东拼西凑来的，过了很久才还，化妆品清一色一线大牌，最便宜的包是 Pinko 和三宅一生。

我上次请她吃饭的时候，她说自己三个月没吃过火锅了，当时我纯粹以为她在减肥罢了，后来又想想，她哪儿来那么多钱呢，买大牌得从牙齿缝开始攒。

所以她后来开始找 Z 先生拿钱，Z 先生忍痛割爱，把辛辛苦苦准备用来买新器材的银子，先上交给这位 Fiona 小姐。

矛盾爆发在 Fiona 准备为公司的年终晚宴又买一条 YSL 的裙子，非说不这样就不算好看。Z 先生于是给她列出了她当月的消费清单："三万了，自从跟你在一起，我每天不停挣钱，但存款余额就没有涨过……我们还要买房呢，你能别这么花了吗？"

Fiona 不服气道："你不就是不想再给我花钱了吗？别拿买房做借口，你自己要买摄影器材的那些钱，还不是照样花了？"

235

所有开挂的人生，
都是厚积薄发

后来他们大吵一架，Z先生说Fiona虚荣，Fiona说Z先生只知道满足自己，争执到激烈处，谁也不让。

Fiona小姐给我诉苦的时候，我是很不解的，我说你跟Z先生这样的新时代情侣，怎么硬是过成了苦命鸳鸯。

Fiona眨眨眼说，其实找他要钱，是想知道自己在他心目中的分量。他不肯给我花钱，就是不爱我啊。

我问："可他要是实在给不起呢？"

她答："那也总会想想办法的，要么分期，要么代购，要么多接点私活。"

——Fiona跟很多姑娘都像，把男人爱不爱在你身上花钱，作为对方"爱不爱"自己的佐证。

有一段时间，我也迷信这个道理。在学生时代要求对方给我买无用的纪念品，当时觉得自己占理。某种意义来讲，"给予"的确能作为一种佐证，证明他虽然在物质上不是足够宽裕，却舍得为你倾囊。

但后来我并不觉得，横亘在男女朋友之间的物质，真的可以跟"爱不爱"对等。

人在很穷的时候，会特别把钱当一回事儿，像小姑娘们，觉得男朋友没办法给自己买两千块的包就是寒酸得有点可怕了，其实心里不过是不愿接受自己的贫瘠——"别人随手转账都是999，我凭什么只能拥有5.20红包的爱情啊"。

自己经济独立了，才会懂从前的娇纵，是另一种意义上的残缺，虽然当初打着"试探你爱不爱我"的名号向男朋友伸手，但心里侥幸：一方面，白拿东西当然开心，另一方面，会暗喜又可以跟别人炫耀男朋友的慷慨了。

自己真的能随手买喜欢的东西，不那么卑微的时候，才会发现，爱情其实是很纯粹的。一个人对你的心意可以从太多方面体现出来，非要用物质去衡量，太粗暴了，也太自以为是了一点。

所以我知道，Fiona 小姐们批评男朋友自私，也不过是想找男朋友借力，她需要一颗垫脚石，去够到梦寐以求的奢侈。

很多文章喜欢写"不给你花钱的男生，就是不爱你"，其实很多人都不知道，我认识的写这种文章的女生，通常自己已经非常有钱，她们希望男朋友给自己买大牌口红套装，一是因为自己男朋友是门当户对地有钱，几千块对他们来说跟几十块没差别，二是因为她们自己也常给男朋友买名牌衬衫，所以希望付出对等。

不是很多人所想象的，自己是个四位数的包压根就买不起的普通女孩，却要男朋友给自己买一线，520 的红包还嫌太小了，觉得发在朋友圈，会被人比下去。

我一个女朋友，知道男朋友家境不错，但跟男朋友吃饭一定会AA，简单到一顿面，她也不会"觉得理所当然"地让男朋友买单。

算这么分明，不是打算随时两清撤退，而是因为她在真的为他考虑。她说："都是学生，生活费有限，哪怕他出得起，可如果一直让他出钱，我会内疚的。"

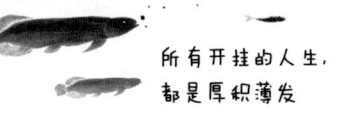

所有开挂的人生，
都是厚积薄发

我总是忍不住钦佩这样的姑娘，而不是逼着男朋友买手机或包或钻戒，只为了知道"他到底有多爱我"的姑娘。

善始善终地讲完 Fiona 和 Z 先生吧。结局是分开了，那次大吵过后，终于再不是同路人。

Z 先生现在在我的朋友圈，已经跨入最高收入群体。他在分手后越发努力，在工作室跟着老板每天加班，周末办讲座，跑现场，提升自己的人脉，存到了第一笔启动资金后便自己开了工作室，拥有了一批粉丝，每月入账六位数，没有再烦恼过买器材的事。

讲到跟 Fiona 的过去，他说，他很迁就 Fiona 的，包包没少买，可惜了她贪心，手越伸越长。

Fiona 依然单身，大概在等着一个随手转账都是 5200 的人，让她毫不费力地去拥抱大牌。可惜 Z 先生现在已经成了这样的人，她却早早地把可以变得更好的他推开了。

但她也只能叹气了，只能怪自己，忘了相爱也需要体谅，也需要大度、宽宥，把拐着弯的"伸手主义"，拔高成"我只是怕他不爱我"。

只是后来你才懂了，世间没有任何一种爱，是仅靠单方面付出维持的。

能怪谁呢？只能怪自己，当时年轻——错把虚荣，当作真正的爱。

Chapter 5 / 去谈一场舒服的恋爱吧

不敢伸手要糖的姑娘

让我们简单粗暴地开始以"我有一个朋友"打头的故事。

我这位朋友是自由摄影师,平时接一单几千到一万不等,人脉广,财路阔,活得还算富足。她最近刚刚谈了个男朋友,大她3岁,很是成熟。

是吃饭时会帮她给服务生讲明"不要葱和香菜",是在她出差前夜会替她收拾行李,衣服都叠成漂亮豆腐块儿,甚至经期也记得住,愿意红着脸皮,出门帮她买姨妈巾的男生。

妥帖得像一床干净的、软塌塌的棉被。

但她终究没法被这样的浓情蜜意,宠成四体不勤的小姐。

因为最近在筹备工作室的事情,常要往别的城市飞,男朋友上班累,她不想让男朋友帮自己收拾行李,会在他睡下过后悄悄开始收拾。

每次回上海落在虹桥,男朋友千里迢迢从浦东赶过去接她,她都

所有开挂的人生，
都是厚积薄发

非常难为情，一直推托说"你别来，真的别来，太麻烦了"。

所以到后来，她甚至不想给男朋友发航班号。"他每次都接，我真的受不起。"

我老调侃她，说让男朋友接几次能怎么样，还能少块肉不成，就算你要做新时代独立女性，也别这么用力呗。

她说"你不懂"，然后给我讲了一件事。

她的上一任，是个比她稍小的男生。

两个人认识的时候，我朋友已经很有钱，但小男生还穷。不过我朋友本来也不介意钱不钱的，她只是爱他。

刚刚在一起的一个月，她在他身上花了好几千块，他说什么潮牌想买，什么游戏套装想要，她都给，不遗余力地给，就像是，如果她是一座镀金的雕像，哪天小男生说缺钱了，她都恨不能把金皮剥下来，让他去典当。

但她暴雨天忘带伞，想让小男生来接的时候，小男生拒绝了。

"你多少岁的人了？自己解决。"

情人节的时候，朋友圈里又是一阵恩爱风气，我朋友也不是圣人，不过小女生一个，渴望巴巴地问他："我有情人节礼物吗？一只一百块的口红也行呀。"

没想到小男生对她一通数落，"你怎么这么矫情啊，我凭什么要送给你啊？我又没钱，有钱的是你。"

最可怕的是，分开的时候，小男生四处对人说，女生自大、高傲，只知道撒钱，不顾他的尊严，还处处黏他。

这让我朋友以为，错的是自己。

她开始觉得自己让男朋友送伞是"矫情"过头了，觉得她的爱是个庞大的、四肢不便的怪物，诡谲又可笑。她更以为，是自己要求太刁钻，才赶跑了小男生。

后来的她在情场里，就有些蹑手蹑脚，在生活里也是。开始不想麻烦任何人，不想背负太沉的好意，她一直觉得，是自己不够独立，配不上很好的爱，所以，当很好的爱出现的时候，她总觉得，愧不敢当。

她明明配得上很好的爱，但她千疮百孔的过去，让她缩成一只刺猬。

她觉得现任这个好先生的爱，是自己迎不起也接不住的洪水猛兽。

人受伤过后总习惯反省自己，承担莫须有的针对或冷遇时，误以为这是自己该受的。继续下去，越来越卑躬屈膝。

我认识一个小姑娘，上小学，在我以姐姐的身份请她看电影时，她坚定地拒绝了。我很惊讶。

后来她妈妈说，他们家穷，没办法经常看电影，所以不让她随随便便就看，怕让她尝到一点点甜头，以后就被宠坏了，不如让她一开始就与看电影的快乐失之交臂。

所以小姑娘的业余从来只有作业，她把"看电影"，划为了不该享有的、奢侈的罪过。

我在认识陈先生之前，遇见的是一个没事总要放我鸽子，或者消失上两三天的男生，后来陈先生每次都守约出现，还容忍我迟到几分钟

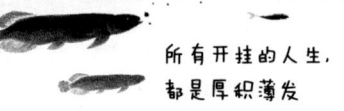
所有开挂的人生，
都是厚积薄发

的时候，我几乎感激涕零。

但其实……这只是最基本的礼仪而已啊。

人都是这样。被亏待了太久，被辜负了太久，就会忘了，我们本来是可以被宠爱的啊。我们这么善良，真诚，我们是值得被宠爱的啊。

我有个朋友，也不算朋友吧，是我在心里把她当朋友，她却未必如此的一个女孩子。约她出去十次，她会拒绝八次，一边偷用我的东西，一边背地嘲笑我的为人。而我一直到毕业，都是会主动约她出去吃火锅的。

所以后来我认识了新朋友，毫无怨言陪我做好几个小时的头发，帮我选课，不嫌弃我反应慢半拍，我都有点感动，哪怕我知道，这只是微小且自然的礼让而已。

人都是以自己的遭遇，来界定自己这个人的。我们在经历了那么多的苛刻，那么多别人赐给的难关过后，误以为自己是只能被这样对待的。

《壁花少年》里有两句对白，很契合：

——"为什么我们总是爱上错的人？"
——"因为我们以为自己只配得上那样的人。"

人越长大，越容易丢失张口向别人索要爱的能力——正如半仙么么所写的：张口向别人索要爱，是一种能力。

很多人向男朋友要礼物，或者微信发段子骗几百块的红包钱，都是不亦乐乎，但我不行。我是稍微多花男朋友一点点钱，心里就要过意不去了。

没有一丁点的底气任性，也说不出为什么。

大概是害怕自己一丁点的任性也会让自己被抛下吧。

像我这样的人，真是一点也不愿意麻烦别人，生怕给别人带来困扰，说错一句话都要懊悔很久，哪怕生病了，难过了，也只想自己裹着眼泪躺一会儿，不敢向别人倾诉，觉得别人一定很忙的，哪里有时间听我这些零碎。

什么都想自己扛，哪怕扛着会很痛苦，也不愿给别人徒添叨扰。我心里是不想做这么泾渭分明的成年人的，可我没有办法在任何人面前，做回那个撒泼打滚的小孩子，牵着人家的衣角说，你给我一颗糖好不好，很大很甜的那种糖。

有时候真想任性啊，就把手直直地伸出来找你要糖，不会退缩的那种，要到糖为止，不然我就打滚。有时候真想大大方方地讲出那句"你必须宠着我，现在立刻马上"，而不是"没关系，我什么都没关系"。

不，我心里觉得很有关系，我想被你爱啊，知不知道。

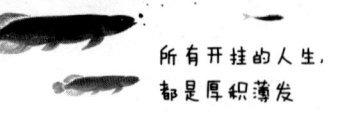

所有开挂的人生,
都是厚积薄发

别用十二分的爱,换七分

Lily 问我:"大力,你说我要不要放弃了啊?"

那是个夏末,阴雨天。Lily 在房间里咬着奶茶吸管,眉头拧成一团,反反复复地冲我叹气。

我只是无奈。几个月来,我见证着跟男朋友异地恋的 Lily,倚仗年轻与新鲜,不顾一切地燃烧自己。

两个人的城市离得不算远,Lily 平时在食堂咽下不知多少次口水,净点些白菜、萝卜,都不敢吃肉,就为了省下一点点票钱,坐火车去看男朋友,而他呢,看见她气喘吁吁拖行李箱出现了,居然都懒得安顿,直接让她跟着自己去了网吧。

Lily 饿着肚子,守着男朋友在屏幕里刀光剑影,昏沉沉睡过去了,醒来时,男朋友居然还死死地盯着屏幕。

Lily 发了脾气,男生也不怎么哄,象征性地买了杯冰奶茶递给她——"好啦,乖啦",却一点没想到 Lily 还在生理期。

类似的细节有很多次了。Lily 跟他闹僵过数回,但很快又会和好,还往往是 Lily 先提——因为 Lily 想了想,两个人能在一起这么久,哪怕是相互拉扯,也不容易。

纠缠如此,不舍得掐断。

其实讲句实话,彼此都爱过,很认真地爱过。大一开学的时候,男生送 Lily 到校,告别时叮嘱了无数的日常细碎,眼眶发红地,紧抱着眼前这个小不点。

让 Lily 想放弃的,只是男生一个极其微小的反应。

Lily 跟他一起逛南京黄昏的广场。下午六点,人群熙攘,很好的一片夕阳,在喷泉针尖一样的水雾中升起了彩虹。入夜时分,人生暧昧。

Lily 被晚风吹得温暖而酥麻,她跟男生十指紧扣着,仰头轻声问:"你什么时候娶我啊?"Lily 永远不会忘,男生听到这句话后,报来一个迟钝而恍然的微笑。

旋即,他的手指下意识松开了。

Lily 的第二段恋爱,姿态就完全不同。

她跟男生约法三章,并且率先指明,自己会查他手机和聊天记录。男生说他能理解,毕竟 Lily 被上一任背叛过。

中间两个人有过一次误会,Lily 怀疑男生背叛了她,但出奇冷静。她把证据甩在男生面前,淡淡地问清前因后果。知道是误会后,就耸肩

所有开挂的人生，
都是厚积薄发

说"这次就算了呗"。

Lily 蛮不像一个恋爱的人，因为她没有起伏——但爱是一件让你的心时刻高低起伏的事情。

它是让人震颤的炸弹、自取灭亡的枪、飞舞跳跃的火，唯独不能静如止水。

身边朋友都知道 Lily 没有 all in，一时间议论四起，可我偏偏很理解她。

我一个女朋友，天大的事都不哭。

她跟一个总是找她借钱的男生分手，一点也不梨花带雨。她坦坦荡荡地捍卫自己的财产权，说"扪心自问，我付出得不少，没欠你什么，但你的钱是需要还给我的，我会跟你保持联系"。

这镇静的架势，哪像一个刚刚感情破裂的小姑娘，不知道的，还以为她是每天五百万合同过手的主。

但没多少人记得，她曾经为她上一个男朋友，哭过整整一个星期。更没多少人清楚，她在那段真心被碾碎的日子里，经历了多么艰难的自我倾覆与重构，才算给柔软湿润的痴情，安上了精干强硬的钢筋铁骨。

你看那些在情场里走步漂亮、抽身麻利的人，轻盈得像一具空壳——哪个不是把软塌塌的、黏答答的、原本跟人拉扯不开的真心，厚厚裹了起来，再也不见天日。

之前我问 Lily，你一门心思扎进去，男生却只是跟你随便谈谈，你不委屈吗？

Lily 讲，怎么说呢，也不是觉得自己不委屈，很委屈啊，付出了当然是想要一等一的回报呀。

很多时候我都为自己鼻酸，想拷问自己究竟何苦，都是凡人，你冷漠，你无情，我还偏就为你挨下了这阴晴不定。我还真愿意挨。

"但是现在我不会了。现在是，他给七分的爱，我就再也不要给到十二分。"

人类啊，在爱得投入时都是不管不顾的，像舒婷所说：正因为爱情常新，只要烛光燃起，你无法警告飞蛾，说危险、说灼伤、说前车之鉴，它是一定要扑上去的。

但经历失败，被现实从头到脚浇醒，你免不了要脱胎换骨。这是主动，也是被动。

痴情像一场病，一次感染就会产生抗体，痊愈后再不复发。

——我曾经也是全凭着容忍，原谅了一个男生的声东击西、三心二意，整整一年，过得太折磨。后来再喜欢上谁，我发现他女性朋友有一丁点多，就会立马心灰意冷，命令自己远离。

谁一开始不是奔着终点去爱，付出是最高要义，我暂且不管你心里掂量我是几分，反正我就想带你，去往海枯石烂。

后来我跟感情多了几次交手，才明白你的"他"呢，终究只是个普通人类，有短板，有软肋，有大量剔透的脆弱，他想拈花惹草，他想随处游走，你都配合。

他爱七分，你便收敛痴情；他想逢场作戏，你便备好台词；他念"世

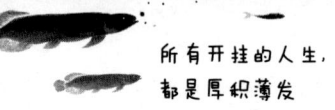

界何处无芳草",你便也秉持"移步江山风光好"。

已经过了要拿真心去对赌的年纪,你的生命里充满前车之鉴,你我都是满身车辙的人。

你再也不会踮着脚,在闹嚷嚷的大街,在阒静的后院,在两人牵手踱步的黄昏,心脏跳得像扑棱翅膀的鸽子;你再也不会冲着他,有点忐忑、有点欣喜、有点雀跃地问:

"你什么时候娶我?"

真的再也不会了。

大叔虽好，食用需谨慎

朋友恋爱了，找了个大叔。

我们一起吃饭，大叔对她百般照顾，对我们几个朋友也都不错，温声细语间替大家倒完茶，旋即又卷起衣袖，垂下眼睛，为女朋友剥虾。

很有见地，也很有招数。不抢风头，不显摆什么"我手下的公司×××"，不自认幽默，让我们无趣的谈话还能落地落得舒舒服服。只在我们几个小年轻开稍微过分的玩笑之后，他抬头于末尾轻轻接拢，替我们兜回一点体面。

散场前，大叔问好了每个人回家的方向，依次帮我们安排叫车，每送走一个都嘱咐几句，路上小心。

回去路上我们几个悄悄讨论，大叔可真好啊，比我朋友之前交的那些叽叽喳喳的小毛孩子，不知好到哪里去了。

所有开挂的人生,
都是厚积薄发

比如朋友的上一个男朋友,跟她同龄的,饭局上就只知道埋头玩手机,听到我们讲游戏,才突然把脑袋抬起来,"那个游戏我玩过,好无聊的。"

一席人面面相觑,不知怎么接。

这位大叔是我们隔壁交大的研究生,已经毕业出来工作了五六年,正宗的 80 后。

我朋友呢,95 后姑娘,爱打扮,略微作。朋友跟我描述,说她特别喜欢跟大叔走在一起,穿衣简朴的大叔跟她在一起,特别像"老干部小娇妻"的组合,莫名很萌。

我以为朋友就此被收服成幸福小女人了。

但没有。

前几天她跟大叔出门旅游,回来就给我打电话:"大力你在哪儿呀,我有事儿给你说。"我心里一咯噔:都说情侣旅游后很容易分手,难道我小姐妹中枪了?

在咖啡厅见了她,我赶紧问她怎么回事儿,没想到这厮咂咂嘴说:"我觉得我家大叔好完美呀,你知道吗,我们这次旅游,订机票酒店和短途的团都是他,在哪儿他都能找到路,人肉 3D 导航,我晚上十一点饿肚子,他二话不说下楼给我买夜宵,我清晨觉得嗓子干了,他五点钟爬起床给我热了一壶开水……"

我白她一眼:"你就是来给我说这个的?还以为你俩闹分手。"

她垂下了眼睛:"这不是重点。重点是,我问他你怎么这么好呀,比我前任懂事多了哦,他说,他在我前任那个年纪,也很傻呀。然后我一下子好遗憾,我只是享用了被别人打磨得光洁的他,我不知道他新鲜时候的样子。"

她叹口气接着说:"你知道吗?他什么都好,可我总忍不住想,这些好啊,都是别人教给他的。我呢,就只是个路过了宴席、大手大脚借吃的过客,正好尝到了端上来的热菜而已。"

其实我也懂,我也正跟大叔谈着恋爱。怎么讲呢,跟大叔恋爱,不累,但学费很高。

首先是,透支巨额安全感。

比如他之前有过一个刻骨铭心的女朋友,而现在早就告别了生命里跑马飞花的激情时代,他带给你踏实的呵护,但你也会想去窥探的,他心里到底经历过多少海啸,才能像今天这样波澜不惊。

我当初就向大叔问了个遍,跟女朋友什么时候在一起的,在一起多久,为什么分开,可问得彻彻底底了,也还是没有安全感。当时我大一,可大叔早就毕业了,我会有些愤愤地想,为什么不是我,陪你度过最狂的青春期呢?

我这位朋友,还要经常翻他家大叔以前的人人网好友,一个一个戳开跟他互动的头像,猜测他们之间什么关系。

当你对一个人的过去不甚了解,他就像一具很难把握的空壳,轻飘飘的,仿佛一吹就走。

其次是,舍弃小年轻的活力。

"老去"毕竟是一件往下滑的事情,赠品是人生经验,可交换出

去的,是大量的初衷、冲动、新鲜的热忱。

小年轻们莽撞,但很爱闯、爱试,骨子里还没被抹掉嫩劲,他们会拉着你一起,看遍世间鲜花和鬼怪,但大叔不行。大叔会照顾你,却不见得能跟你同悲共喜,你眼里天大的坏事,在他看来都无足轻重——各自的人生经历不对等,沟通障碍便容易产生。

更别说"共同进退"了。步调不一致的感情,走起来可是会不稳的。

最近一阵子的文章对"大叔"一片鼓吹,很多人看得心潮澎湃。
但大叔好是好,却不一定适合人手一个。

大叔们呢,已经迈步颓老的路上,沧桑带给他很多奖赏,他沉稳、练达、通透,有一身入世的好本领,情场里姿态纯熟,动作漂亮。

跟他谈恋爱会省蛮多力气,终于不用事倍功半,陷入彼此为难的拉锯。他像熨帖的衬衫,走线精准,式样雅致,社会化批量生产,你却穿出了量身定制。

但这件衬衫是谁缝就的,你始终无法知情。大叔身上,有很多你无法参与的过去:他也曾用力过猛,艰难求生,匍匐前进,分崩离析,但这些构成他现今丰富性的重要因素,是与你无关的,只跟另一个与他相爱过、你却不曾见过的人,环环相扣。

难怪你总是觉得大叔惯用的沉稳,不过是无数种性格质地的杂糅,搅在一起,陷入了安静中。

他处理事情这么妥当,一定吃过好多亏,而年轻的你,才刚刚走到了需要吃好多亏的年纪,他像是站在马路对面朝你招手,你背着大包小包,在人潮汹涌的斑马线里,咋咋呼呼跳着脚,向他奔去。

和大叔的恋爱,真是很难没有距离感。

大叔是很好,鸡汤都这么说。但论调归论调,却不是每个人都适合找大叔。

适合跟大叔谈恋爱的,第一是内心能强硬起来,能自己给自己安全感的女同学,不然相信我,面对一个招式过于老练的对手,你会慌。

还需要是,能快速成长的女同学。恋爱归根结底要段位对等的两个人做买卖,大叔跟你在一起,是等着你一路小跑,跑到跟他旗鼓相当。

还有更夸张的。朋友的同学跟一位大叔谈恋爱,对方都已婚了,可那女生硬是等到大叔亲口摊牌,才一语梦中惊醒。喃喃道,他真的完全把控局面,而她呢,好似在大叔双手框出的围墙里四处疾走的蚂蚁。

你或许真的不适合跟大叔谈恋爱。你可能压根没到那段位,能飞跃实际年龄的沟壑,够上他高一阶儿的城池。大叔呢,也未必愿意守着你,跟跟跄跄地赶路,重蹈覆辙他过去无知的年轻。

——把大叔比作饮品,那可能是益气养神的清茶,性甘微苦,温暖脾胃。但还想经历轰轰烈烈青春的你,可能更想多喝几瓶,咕噜冒气的、甜腻的冰镇可乐。

更何况,不是每个人,都能从一壶好茶那润口的恬淡里,喝出千磨百炼后的醇香。

别让甜美过早蒙上一身柴米油盐的灰

现在还记忆清晰,八月份时,我跟朋友Cathy,一起出门拍照,算是工作。拍照结束后,我们一起吃了顿饭,离开饭桌的瞬间,她突然问了我一句:"大力,你有强吻过自己喜欢的男生吗?"

我说,没有。

她说,她有。强吻过两次,两次都成功了。

一个是公司年终酒会过后,稍微年长的白领先生,喝醉了。恰好Cathy跟他住得近,她自告奋勇说我们一道回家。这白领先生也是醉得失心了,让她一个小姑娘跌跌撞撞把自己搀到了公寓门口。在昏暗的楼梯间,白领先生的脑袋耷拉得低低的、沉沉的,她跟他说话,他听不太清,嘴巴凑过来问了一句"你说什么"。

我们的Cathy想也没想,一嘴就亲上去了。

还有一次，是对一个像牛奶一样，干干净净的小学弟。在学校体育场高高的看台上，Cathy 在讲伤心事呢，脑子里没有什么小九九的学弟出于礼貌，做了个张开双臂的动作，我们的 Cathy 觉得小学弟也太可爱了吧，于是立马夺走了他的初吻。

Cathy 在八月的环球中心问我"有没有强吻过喜欢的男生"这个问题，我说，没有，我现在别说强吻，连表白都不敢，不，别说表白，遇到喜欢的，连跟他说话都不敢。

Cathy 问，为什么？

我说，怎么讲呢，喜欢的人开口跟我讲第一句，我脑子就要飞快闪过一遍：他什么性格？跟我合不合拍？他能爱我多久？甚至，他会不会是一个优秀的一家之主？我们以后，会不会因为谁刷的碗更多，争得眼红气粗？

OK，我是理智癌晚期，对任何一遭唐突飞过来的可能无法摊到 happy ending 的际遇，我都率先要告诉自己，"你是在犯蠢／你快点收手／你们不会长久的"。

我都忘了，当我喜欢上一个人的时候，我第一件想到的事，应当是在一个饱满的深夜，缠住他，向他索吻，一记忘情热烈、短暂绚烂的吻，它盛放了那一晚的清风与隽永。它在他的爱意里，冉冉升起。

你爱他，爱他的眼睛、睫毛、牙齿的形状、笑起来的细纹，这就是事情的本质和全部了。

而不是，他学历怎样，有没有车和房，他以前在公司做到了什么

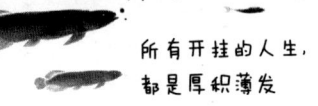

位置,他会不会给你很好的照顾——很多时候,这些你强加上去的,自以为是的猜测和判断,在"保护"了你受伤的同时,也一刀截断了你品尝甜美的可能性。

我有时候很遗憾,凡俗的、庸碌的我们,让很多本可以出席的甜美,早早蒙上了一身柴米油盐的灰。

跟朋友七哥吃火锅,他突然问了我一句(没错,我的朋友们真的很爱问奇奇怪怪的问题):

"你说人活着的意义是什么?"

我说,是为了让自己开心。而且这些让自己开心的事情,多半都离"伟大"十万八千里远,是些俗得不能再俗的事情——

比如有一阵子你工作累,剥皮露骨,进展又极慢,每天一次一次怀疑人生,这时候突然在微博上发现一个皮囊惊艳的小哥哥,你给他发私信,他不读,也不回,可你真真切切地觉得,你被拯救了。

你翻遍他的微博,"天哪,怎么会有这么对我胃口的人,这就是为我量身定制的",在你对着他犯花痴的时候,对着他的自拍假想你们终有一天牵手拥抱的时候,你得到的开心,看起来轻飘飘抓不定,但其实它是独一无二的、酣畅淋漓的,它像一弯独独为你出现的月亮,它是拯救过你的。

其实说什么挣钱、加薪、考取功名,到后面都是蛮没劲儿的事,在你觉得什么都没意思的时候,遇见了一个"我可真是太想追到他了"的人,这就是泥沙俱下、筋疲力尽的生活里,让你可以一再心甘情愿地撑下去的东西了。

至于他脸蛋这么完美,是不是很浑蛋,那都是后话,喜欢就上嘛,就去不要脸地搭讪,去接近,去表白,表白被拒就做陌生人,你要有胆量就强吻,没胆量就哭几场,为什么要想那么多,让自己离他越来越远?

明明你们是可以互相璀璨成全的,人间的财富、名声、身份,都是可以等等再拿的,但这里的快乐都是端上餐桌的、会凉的热汤,只新鲜那么一小会儿,过时不候。

我18岁的时候喜欢一个人,会干干脆脆地跟他表白,也不说什么煽情的话,知道自己喜欢他,就直接对他说:"我喜欢你,我就这个意思。"

现在活得太人模人样了,就算遇到非常喜欢的,也会习惯性担心诸如"他究竟是怎样的人""他跟我合不合适""我们在一起能不能相处体面"这样的问题,很好,横冲直撞的风险没了,但跟他的后文也没了。

没有感情是会100%好的,如果把控得太紧,没有了去尝试、去探索的胆量,也只能孑然一身,越活越孤独,越活越味同嚼蜡。

人生嘛,要松弛一点才好玩。

人只年轻一次,为什么都要急匆匆变老呢?变老过后,我们都会成了那种,喜欢一个人就连多聊几句都不敢,用"他不适合自己"这种牵强借口,来为自己劝退的懦弱角色。

哦,讲究兮兮地买着香薰、插花、四位数米其林餐的是成年人;口口声声"我要追逐爱情、捕获爱情"的是成年人;最后亲手绑架爱情,撕了票让它身首异处、魂飞魄散的,也是成年人。

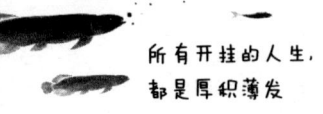

想得太多,反而会永久地丢失了活得自由、果断、随心的力量。

——谁说这种力量就不珍贵呢?当我们越活越想要对很多事情摊手说"行吧,就这样吧,我还能怎么样"的时候,若是有个人让你想要说"风花雪月不等人,要献便献吻",你就勇敢地献吻吧。

一个吻,就将你从人生的无趣里打捞出来了。

Chapter 5 / 去谈一场舒服的恋爱吧

幸福的人容易长胖

写这个看起来很"抖机灵"的标题,是因为,我发现陈先生胖了。

我以为"赘肉从衬衫缝隙里泄出来"怎么也得是 30 岁过后的事,但他现在才二十出头,腹部却已经率先长好了结实的肥肉。

我说你还没有进入职场,怎么就未雨绸缪地开始长啤酒肚?他斜眼回:"怪你啊,因为陪你才胖的。"

我这段时间忙,每天压力蛮大,唯一的空闲就是晚饭时间。生而为人,万般无奈,白天行程全满,也只有到傍晚才能匀出点闲逸来,跟陈先生一起在小吃摊前伸长脖子,关心香菜和芝士,指点葱花和辣椒。

然后再不知足地,买杯热量告危的奶茶,眨巴着眼睛,瘪着嘴,咕咕噜噜吸一路。随手提几个软塌塌的零食袋子,小吃们抓紧冒热气,我跟他话痨好一阵,从特朗普当选,聊到上海空气质量,间接严肃讨论

几次校内野猫们的生存状况。

不过这样微小的时刻,带来的快乐反而最多。

跟他短暂相处过后,又必须各忙各的,我有很多合同、邮件,他有实验、会议、新的 schedule,没时间消化脂肪。

胖是自然的,但也胖得安心。

一个发现,幸福的人,的确是容易胖的。因为他不再苛求自己了,不再被"外形"牵着走,他觉得,就找个人做伴,世俗地活着,也够开心的。

管它脂肪几斤几两。

我有个闺密,之前交的男朋友,个个都帅,但说实话……挺渣的。

一点小事就开始跟她争吵,定要分个你死我活,情绪飘忽,捉摸不透,还在朋友圈里打"舆论战",十几条连发讨伐,我一个旁人,看着都累。

那段时间,我闺密心里很不好受,她失眠、冒痘、脱发,很严重,后来在朋友的建议下,开始健身。

机械轰隆的健身房里,她一待就是一个下午,朋友圈里每天打卡,十万分积极。但她悄悄跟我说"他们都不懂,我虽然姿态静好,心里却是忐忑的"。

"因为装着一段随时会破碎的亲密关系。"

后来经过一次鸡飞狗跳的分手,她换了现在的男朋友。

我们几个人有一次开车出去玩,她像小女孩一样,包里的零食开开心心地吃了一路,然后很大大咧咧地跟我说:"你真瘦,你看我胖了好多,腿粗了两圈儿。"

可是我知道她完全不在乎了,所以是为她感到宽慰的。

放放心心让自己长胖的姑娘,一定是遇到了一段很可靠很让自己舒适的关系。

所以长胖无所谓啊,我还是想跟你一起,或细嚼慢咽,或狼吞虎咽,在香气飘荡的大街上,俗且无克制地,沉迷于美味。

爱嘛,就是一起吃吃吃。

高中时候,陪喜欢的人吃一顿闹嚷嚷的炒面,足够回味很多天了。

大学时候,最熟悉小吃街的,一定是成双成对出门饱腹的情侣。

工作过后,爱成了一种相依的姿态,两个人下班路上,从7-11买一点便装寿司和泡面,回家后蹲在一起叽叽喳喳地吃,可能就是一天中最明亮的时光了。

一个姐姐,最近怀孕了,她老公把她宠得像个孩子。她谈起老公时有点嗔怪地说,唉,他最近越来越胖了,真是的。

可我们都是很羡慕她的,因为一段浓情蜜意的相处,会让人忘了很多"莫须有"的尘世规则,比如对身材的无端苛刻。

朋友之前在微博上,发了自己的一件小事。

她说,自己跟男朋友抱怨,最近胖了好多,好想变成一只猫,越胖越可爱,那样就好了。她的男朋友捏捏她肉嘟嘟的脸,说"你就是越胖越可爱啊"。

她说,那个瞬间,老娘觉得十一月从西伯利亚吹来的冷空气,都

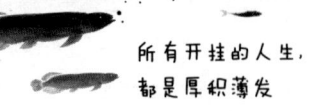

变温柔了。

我也很感慨的,人间寒冷,可相伴,是好温暖好温暖的一件事啊。

希望所有在街边冷到跺脚的姑娘,不敢在十点钟后吃夜宵的姑娘,遇见那种,简单而安心的、不挂碍的、可以大大方方发胖的恋爱。

Chapter 5 / 去谈一场舒服的恋爱吧

在爱情里犯过的蠢

前几天我跟闺密吃饭,讨论起了一个千古难题。

如果用小号测试男朋友,假装是个陌生人,不认识他,去撩他,他的表现完完全全负分,不仅很快不知分寸地跟小号打情骂俏了起来,还告诉小号他单身,这种男朋友该扔吗?

一致结论是:扔啊,当然要扔。

为什么姑娘们会想到用一个小号勾引男朋友呢?大半是内心极度缺乏对这段恋情的信任,太不确定自己"为何被男朋友喜欢",所以才会拿直男们普遍招架不住的款,替自己"循循善诱",诱出他在人性深处里,爱你爱到了几斤几两。

测试如果成功了呢,或许够你在社交网络上兜出来炫耀一圈,"我的男朋友好专一哦",其实对你们俩的关系建设毫无益处;测试如果不

成功呢,你吃足这么一瓢飞醋,面子挂碍,心中失望,势必是要闹分手的。

但是分手怪谁呢?怪他吗?我倒觉得,你要是嫌他面对小号劣根暴露,他也能嫌你无事生非,矫情过头。

都是些凡身肉体,谁也不是全知全能的神灵。

拿人性开刀,必定是刀刀见血的。

一段真正健康、成熟的关系,是不需要这样捏造诱惑、考察真心的。没事测东测西,能测到多准?人生的坎儿可多了,你出个国、生场病,到这种重大的分岔关口,再看他的态度,那才能如假包换地折射他对你用情几许。

所以啊,想到要去做这种测试的姑娘,倒不如先好好自问,到底为什么这么好奇他面对"诱惑"的态度,而不是坚信他的为人,和对你的忠贞不二。

是什么导致了你对他隐约的不信任?问题的本质在这里,不在一个小号身上。

其实姑娘们在爱情里犯过的蠢,远不止拿小号测试男朋友。

比如有些姑娘会发段子给男朋友,"如果有个非常好看的姑娘坐在你旁边你会不会心动",其实就是想被夸嘛,但太隐晦了。我后来就想通了,来这一出累不累哦,比如我就直接让男朋友夸我,直接到什么程度,就是言简意赅一句话:"夸我,赶紧的。"现在被我训练出来了,夸我夸得一套一套的。

还有,在感情里我才懒得去猜"你是不是不爱我",我都直接问。

我也理解啦，女生有几个是不在男朋友面前撒泼打滚的，谁还没有过做作兮兮地吵个架，觉得自己是在拍 MV 的年纪？我一个朋友说，别人都说他活得很明白，他也确实活得很明白，唯独在女朋友面前活不明白。人都是这样的，对外面的人理智得很，唯独在爱人这一隅天地里，是永远的幼童。

但醒醒，醒醒姑娘们，我们都不是十六七岁了。

不是那种会因为对方没有及时换情侣头像，就能天崩地裂分一次手的年纪。

我越来越觉得，能长久的爱情，一定是舒服的，不折腾，不累。尤其是成年后，人生餐盘里，盛满涩口的苦，我们其实没有精力去承受一个抓马（Dramma 音译）伴侣了，那种需要 360 度地被爱意环绕包围的人，我们只有两只手，呵护不过来。

一场舒服的恋爱，最重要的是什么？是沟通。

请务必跟男朋友达成共识，你们要以怎样的方式爱对方。

像喝咖啡，有人喝最苦的美式，有人喝卡布奇诺，要口味一致，才能同分一杯。你跟男朋友要以怎样的方式相处，需要你们俩共同敲定，最终觅得一个于双方都适宜、负担也最为微小的方式。

只有如此，你们的信任才能自然而然建立起来，不会再有什么用小号测来测去的节外生枝了。

也只有如此，你们才能做对方那个唯一正确的、可靠的同伴啊。妖艳贱货们再怎么莺莺燕燕地挡道，真正的感情是不会畏惧的，更何况区区一个小号呢？

所有开挂的人生,
都是厚积薄发

香奈儿恋爱论

我在咖啡厅敲键盘的时候,邻座来了两位典型的大叔。

衬衫加西装裤,严肃认真,但并不笔挺。纵使头发梳得油光锃亮,腹部仍空留一团柔软与松懈——那样大胆醒目的肥肉,是中年的昭示牌。

二人落座了。前一秒点好冰美式,后一秒嘴里滑落出成簇的专业名词,拿腔捏调地拎出公事来谈。

我一边为文章犯愁,一边耳朵里疏疏落落地漏进一些他们的对话。

是公司要新做一个实地的项目,被甲方打回了第一个方案,大概是在准备 Plan B / C / D / E,提出点什么就紧接着否定点什么,"甲方会不会……"的疑虑泛上来一遍又一遍,很是紧张模样。

但聊了一会儿天快暗了,两人不知怎的,没有再谈工作,讲到私人生活。

其中一位问另一位道:"你上次看上的那小姑娘怎么样了?"

被问的那位摇头一笑道:"很难追哦。怎么找她都不爱回话,现在只敢在她朋友圈点点赞。"

另一位谄媚地接上道:"那不可能的事情。我们刘总出马,什么小姑娘拿不下? 20 出头的小姑娘,什么都不懂,稍微说点好话,心肠就软了。要实在不会说,送几个包包,对吧,就她们买不起的那种,送了就会答应的。一送一个准。"

那位"刘总"摆摆手,低头啜一口美式道:"现在的小姑娘不好追,真是不好追,得砸钱来了。"话毕脸上却氤氲起得意的红光。

我身后的窗外,正好是两个 20 出头的鲜嫩小姑娘,背着小商场里会卖的平价包,身着刺绣的短纱裙,叽叽喳喳地正拿软件自拍。风撩动她们的头发,沾上了红唇,二人嗔怒地皱皱眉头。

很难想象,这样的两拨人,倘若相恋,猝然地相恋,会是怎样光景。

但听到的那句"送几个包包,就她们买不起的那种,送了就会答应"——实在让我很不愉快。

中年是什么?是被公司、甲方、房贷、一切都等价交换的规则所淹没的年纪;也是被岁月灰尘包裹的躯体,像清脆的壳,一捏即破,内里又裹挟着粗糙的沙粒,如此喑哑。

一门心思扎进名与利,寻找、建立与巩固自己的资源,久经战场,修得随时抖落的体面话。灵魂却入了秋,只剩几根枝丫的干瘪。

但这些都不是"中年"最可怕的地方。中年最可怕的地方,是油腻。

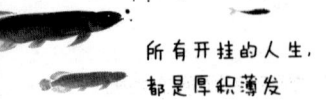

——当千辛万苦搏出了一点事业，站稳了脚跟，便自得地开始膨胀。有了点小钱就觉得"钱什么都能买到"，包括爱情。

更甚的是，将它当作战利品。

我去过一次发布会，各行各业的人都有。其间认识了一位做场务联络的姐姐，25岁左右，人又好看，身材又凹凸有致。后来在晚宴上，偶然机会跟几个30多岁的"老油条"聊天，有人指着远处这个姐姐蹬小高跟的背影道："她有男朋友吗？"

另一位答道："应该有了吧，你看她挎的是香奈儿。"

很快两人心照不宣地相视一笑。

可我是很不解的。人家的包包不能是自己挣的吗？为什么一定是某个大款男朋友送的呢？现代女性都独立打拼多少年了，多少艰难险阻都扛过，怎么可能是几撂银子就能拿下的简单人物？

但这些中年男人，还一厢情愿地觉得，一个香奈儿包包就能抱得美人归。

说白了，这是一种低看。

认识一个开网店的姑娘，一工作就刹不住车，是能连轴转十小时过后立马又飞去出差的狠角色。经济独立，但活在高压下，所以谈恋爱什么都不看，专找帅的。说她每天的最大慰藉，是累死累活一整天后，捧起枕旁那张棱角分明的脸。

讲得很轻佻，但她谈恋爱是认真在谈的。男生一开始只是一个服装店里的销售员，她带着他一步一步，从升职，到掌管店面，到最后创业，也开起自己的网店，收入不菲。

真正好的一段感情，首先需要人格上的平等。

这种人格，与谁的事业更高垒，谁的银行卡余额更丰厚，毫无干系。这种人格，是出于谨慎的尊重与扶持。

是芦苇爱上磐石的时候，芦苇能不自轻，磐石也不顺势欺人。一同披风沐雨，相濡以沫。

但还有多少人，能理直气壮地讲出那句"其他都没关系，我们相爱就好"呢？

没有多少人了。也的确是有这样的小姑娘，看见同龄人富有得活色生香，便按捺不住想缴获一台人肉提款机，哪怕她心里明白，这只是交易。

或者更普遍一点的，谈恋爱开始就要死死盯着对方的房、车、存款数目，掐着指头算，以后怎么给我的 baby 买美味奶粉、进口婴儿车，毕竟我一个人供不起。

自己摇摇晃晃站不直的时候，定不敢奢谈"纯粹"的感情，那是泥泞里匍匐的人所攀不上的仙境。高尚的前一步永远是自保，这不是悲哀，是必然。

"纯粹"，总是要在你的自足、已然扎实且漂亮过后。

饭局上大腹便便、侃侃而谈"香奈儿恋爱论"的中年人们，在成人世界里浸泡得陈腐，转头伸手向 20 岁不谙世事的少女，像是来势汹汹，开着大轮卡车攻陷伊甸园的拆迁队。

而我们所能做的，从来不是改变他们。

是小心翼翼地，郑重其事地，保留自己对感情最初的、最真挚的敬意。